青少年 科普图书馆

U0395612

世界科普巨匠经典译丛 · 第三辑

时间隧道

SHIJIAN SUIDAO

宇宙的过去与未来

（英）金斯 著 杨和胜 译

上海科学普及出版社

图书在版编目（CIP）数据

时间隧道：宇宙的过去与未来 /（英）金斯著；杨和胜译 .—上海：上海科学普及出版社 ,2014.2（2021.11 重印）

（世界科普巨匠经典译丛 · 第三辑）

ISBN 978-7-5427-5875-0

Ⅰ . ①时… Ⅱ . ①金… ②杨… Ⅲ . ①宇宙—普及读物 Ⅳ . ① P159-49

中国版本图书馆 CIP 数据核字 (2013) 第 222309 号

责任编辑：李　蕾

世界科普巨匠经典译丛 · 第三辑

时间隧道

宇宙的过去与未来

（英）金斯　著　杨和胜 译

上海科学普及出版社出片发行

（上海中山北路 832 号 邮编 200070）

http://www.pspsh.com

各地新华书店经销　三河市金泰源印务有限公司印刷

开本 787 × 1092　1/12　印张 15　字数 184 000

2014 年 2 月第 1 版　2021 年 11 月第 3 次印刷

ISBN 978-7-5427-5875-0　定价：35.80 元

本书如有缺页、错装或坏损等严重质量问题

请向出版社联系调换

序言

天文学和其他的学科没有什么不同。它的发展进步，让我们一步步接近真理，得到一个个更加精准的判断。我们研究得到的天文学理论，又为物理和化学等理论学科的发展提供了帮助。

对于人类历史进程来说，1610的1月7日是一个值得纪念的日子。那天晚上，伽利略——一位来自帕多瓦大学数学系的教授——用一台天文望远镜观察遥远的星空，这是他最新的发明。

大约在三个世纪之前，罗杰·培根曾经向世人阐述过一件事情：望远镜应该怎样制作，我们才能更近距离地观察星空中的星星。他就是眼镜的发明者。在他的阐述中，还提到了应该怎样制作镜片，才能搜集折射到它上面的远方光线。这些光线会集中在一个焦点上，然后通过人的瞳孔传递到视网膜上。这个原理就跟助听器的一样。助听器搜集聚在一个大孔直径上的声音波，并将这些声波折射到一个焦点上，然后通过人的耳膜传达到耳鼓上。这种镜片能提高人的视力，就像助听器能提高人的听力一样。

1608年，利伯希发明了世界上第一架望远镜。伽利略一听到这个消息，马上对望远镜的制作原理进行了仔细的研究。果然，不久之后，他就亲手制作了一架更为先进的望远镜。在当时的意大利，这次发明掀起了一场很大的轰动。这个激动人心的消息很快在社会中传播开来，意大利的大街小巷中，人人都在议论望远镜卓越的功能。威尼斯的总督和元老院也听说了这个消息，他们命令伽利略将它带到市政府中来展示。之后的情况就是，据目睹的威尼斯市民回忆，年事已高的政府参议员爬上当时最高的钟楼，用望远镜观察着远处大海中航行的船只。这是一架了不起的望远镜，它所能观察到的光线，比我们肉眼所能看到的最弱光，还要弱一百倍。不借助望远镜的话，我们是无法观测到遥远的星空的。通过使用这种望远镜，离我们五十千米以外的物体，看起来就像只有五千米那样近，这是伽利略自己说的。

一直以来，有个问题始终萦绕在伽利略的脑海中，才让他对这样的新发明如此狂热。两千多年前，毕达哥拉斯和费罗拉斯曾经告诉过后人，在整个宇宙中，地球并不是一个静止的个体，而是永不停止地绕着一根轴在自转，它自转的周期是二十四小时。我们所经历的昼夜交替，也正是地球自转造成的。萨摩斯岛的阿里斯塔克斯进一步补充了这个理论，他解释道：地球除了在不停地自转，还绕着太阳不停地公转，其公转周期是一年。我们所经历的四季交替，正是由地球公转造成的。阿里斯塔克斯可以称得上是希腊最伟大的一位天文学家。

然而这些理论并没有得到太多的支持。亚里士多德就坚决反对，因为他认为，地球是宇宙的中心，是稳定而静止的。后来，托勒密对这个说法进行了科学的解释：地球在宇宙中的运行轨道是稳定的。宇宙中的某些行星围绕地球做着圆周运动，而这些行星作为一个运动中的中心，又被另外的一些行星包围着在做圆周运动。这种地心论学说得到了当时教会的大力支持。在教会看来，人的生死轮回就是一场伟大的剧作，地球则是它的舞台。这场伟大剧作的参演者之一，正是伟大上帝的子嗣，因此地球如果并非宇宙的中心，显然是非常不合理的。除了鼓吹这些虚无主义，很难想象教会还能干点别的什么！

可是，这种学说在教会中也没有能得到一致的认可，奥瑞思穆的教主，还有库萨的卡迪那尔·尼古拉斯也表示了对这个学说的不满，他在1440年的时候表示：我相信，地球不是停在一个地方固定的，它和其他星球没有什么不同，都是在同样地转动，并且地球自转周期正好是一昼夜。

久而久之，教会彻底被那些持有这种观点的人激怒了。1600年，焦尔达诺·布鲁诺被判火刑，在火刑柱上被活活烧死。他留下了这么一段话：我坚信，慈祥的上帝除了应该制造一个漫无边际的世界，还应该制造一个或者更多的世界，但他却仅仅制造了这一个，好像并不对称。所以，我说过，还会有更多个跟地球一样的奇特星球存在。就像毕达哥拉斯坚信的一般，除了地球这颗星球之外，宇宙中还有月球、行星，以及更多数不胜数的恒星存在，世界就是由它们所组成的。

但是，对那些怀着传统理论的人，波兰的哥白尼给予了最沉重的打击。他既不是神学家，也不是哲学家，而是天文学家。哥白尼的巨著《天体运行论》中记载，托勒密的本轮结构和运行轨道根本就没有必要去划分。在太空之中，行星的运行轨道和地球，以及其他星球的一样，都是围绕着太阳，做固定不变的周期性运动的。如今，《天体运行论》已经出版了超过六十年之久，但关于这些理论的争论依旧激烈，真理到底如何？依旧没有定论。

那时，伽利略已经发现，他创造的这种新型望远镜可以作为一种研究天文学的工具。就在他用望远镜观察银河的时候，很多与原来银河组成相关的神话传说都失去了说服力。从望远镜中可以看到，银河只不过就是一些光线微弱的光点，看上去就像是散在黑色背景上的金光闪闪的沙粒。借助望远镜还能看见，月亮上存在着山脉的影子。这些发现证实了布鲁诺的言论：月亮就是跟地球相似的世界。古老的说法认为宇宙的中心是地球，而新的学说则认为，地球也是群星中的一颗，也同样围绕太阳转动，就像飞蛾绕着烛火飞行一样。可以试想一下，假如通过望远镜就可以证明这两种学说到底哪种正确，那到底会出现什么状况呢？

而后，伽利略又利用望远镜发现了木星，并且还观察到，有四颗不知名的小星体围绕着一大群行星在转动，看起来就像飞蛾围绕烛火飞一样。其实，这些正是哥白尼想象中的太阳系。伽利略的所见进一步证实了，这样成体系的运行并不仅仅存在于宇宙的表面。奇怪的是，伽利略并没有从中发现它所蕴含的重大意义，只是基于表面观察而断定宇宙中还有四颗行星的存在，它们一边围绕着木星旋转，一边围绕彼此旋转。

九个月之后，他又发现了金星这颗新的行星，一切疑惑这才迎刃而解。金星本身就能发光，这使得它看上去像被一个光环环绕着。如果像托勒密的本轮运转所说的那样，金星本身不发光，那么它绝不会产生大半个表面不发光的现象。另外，哥白尼认为，金星和水星也应该和月亮一样，有自己的相貌。它们发光的表面变换的过程，也是从新月到半月，再到满月，然后再从满月到新月，相互循环转换的过程。如果金星不发生这样的变化，就正好和哥白尼的观点背道而驰了。

伽利略利用望远镜看到的一切，也正好和哥白尼之前说的金星变化转换的全过程相吻合。因此，用伽利略的话说，他得到的结论是可信度最高的，并且他本身的感知也可以作为凭证。他的学说阐述了，所有的行星，包括金星和水星，都要围绕着太阳旋转。这一理论受到毕达哥拉斯派、哥白尼派和开普勒派这三派的坚决拥护。但在金星和木星没有被发现之前，这一理论只是凭借感觉而存在，还没有有力的证据来证明。

伽利略的发现彻底颠覆了两千年前亚里士多德和托勒密这些人的观点，证实了他们的彻底错误。长久以来，人类一直以一种高傲的态度，想象自己在宇宙中的位置，以此作为精神安慰的食粮。因此，当正确的科学道理不断地发现真理的时候，人类一直是回避拒绝的态度。正是这股不可阻挡的科学力量，将人类从固步自封的自大中逼出来，强迫人类真正地认识到，自己只不过就是宇宙中一颗细微的尘土，要调整好自己的人生观、价值观，去适应新的世界。

人类的这种思想不是一时半会儿就可以改变的。教会利用自己的权力，继续给人们灌输着错误的观念，让那些敢于认识到地球并不是主宰宇宙的中心的人们，走上了一条崎岖坎坷的歪路。也因为这个，伽利略不得不背弃了自己的信念。直到18世纪以后，巴黎一所很有资历的大学，才敢教导学生说，地球绕太阳运行的说法是偷懒不负责任的想法。观念新颖的哈佛大学和耶鲁大学则把哥白尼和托勒密的天文学理论结合在一起进行教导，就好像它们是看法一致的学说。然而，人类不可能永远被愚昧的错误所引导。当人们终于开始承认和学习上述科学的时候，伽利略在1610年1月7日这天夜晚的发现，又一次引发了人类历史上的思想革命。人类开始重新认识和了解本身的存在，并且学着用不同的眼光去对待所有的理想和愿望。

这样的现象已经出现过多次，因此有些关于天文学方面的说法就可以很好地解释了。事实上，越是普通存在的事物，就越要通过增添其本身的舒适度和愉快程度，或者通过减轻其痛苦程度来表达自己的作用。但是，天文学能给我们带来什么样的好处呢？相对于那些离我们十万八千里那样遥远的行星，我们还不能知道它们对人类的影响，天文学家们为什么要夜以继日、呕心沥血地钻研它们的构造、轨迹和变化过程呢？我们的结论是，至少有很多人像伽利略一样，开始展开了自己的想象思维，想要去探索未知的世界。

其实，近代的天文学，正始于人们想要认识生命和宇宙之前的关系，和人类历史发展的开端、意义和命运。大约公元12世纪以前，圣彼得在其诗歌中，将生命比喻成了鸟儿的飞行。他是这样描述的：鸟儿穿过了环境舒适的大厅，大厅内所有的人都在进行着祭祀礼仪，大厅外狂风暴雪在肆意怒吼。

其中有一段话是这样的：

“当可怜的小鸟刚刚才躲避了一个寒冬的暴风雪，另外一个冬天立刻又开始了。然而，人的生命就像花朵的瞬间开放一般，花开之前和花开之后到底是什么样子，我们根本就不知道。所以，当一种新的论据可以让我们论证某种现象的时候，我们应该顺理成章地相信它。

刚开始，为了支持人们所信仰的基督教思想，早期天文学家才开始对天文学产生兴趣。人类希望在生命中仅有的光明与黑暗之间，能进一步探索现在和未来。他们希望探索到宇宙在人类产生以前是什么样子的。甚至是，一个人如果再次来到这个宇宙是什么样子的。哪怕是对那些未曾想过要到达的地方，也一样希望能越过重重山峦的阻挠，去看看未知的开阔视野。这种欲望，并不仅仅只是因为人类天性好奇所致，还是因为，人类在思想深处就有着这样的兴趣。人类在了解本身存在之前，要先探索一下所居住的太空。与此同时，人类还希望能探索宇宙中的时空，因为它们是相互依存的整体。

我们也非常清楚，目前科学无法就人类的生存与发展问题做出肯定的回答，但这并不意味我们就不能去探索发现这些答案的方法。当然，科学研究当中，面临每个问题的时候，都不要绝对地回答说“是”或者“不是”。当我们能用确定的答案或者用正确的方式对某个问题做出答复的时候，我们差不多就具备了给自己答案的能力了。科学每一次的进步，都是依靠一条、两条或更多无限接近于真理的真理，每条都会比前一条更精确，但永远不会绝对到达。

例如，地球是位于宇宙的什么位置这个问题，最近的答案是托勒密给出的：地球位于宇宙最中心的位置。然而，伽利略根据他通过自己的发明望远镜所观察到的事物，提出来一个与托勒密截然不同的答案。他的观点大意是，地球只是围绕太阳运转的无数行星中的一颗。19世纪天文学领域的说法还是围绕后者展开的，但是稍微有些不同，大意是说，宇宙中有无数颗行星，它们与太阳性质类似，也有一群围绕着其运转的行星群。与太阳一样，它为这些行星群提供光能和热能，以维持其表面上存在的生命。20世纪天文学领域的看法已经接近现今的了，认为19世纪的观点太过夸张。实际上也的确如此。19世纪的先人们想法过于简单了，生命是非常罕见、可贵的。

现在，让我们一起去看看20世纪天文学领域的观点吧。无可争议，那时的观点不是最终的真理，但它的确大大进步了。如果我们非要说出区别的话，至少它比19世纪的认识更加地接近真理。

但这并不意味着，19世纪的天文学家说的就比20世纪的天文学家说的错得更离谱，而是20世纪的天文学家能拿出来更多的证据作为反对的理由。在科学研究当中，靠猜测下定论的做法已经早就过时了，而真正的科学要尽量不用猜测做结论。一般情况下，科学讲究的是实实在在的事实，计算和推理也是要以事实为基础的，除了个别特殊的情况。

当然，将之前所说的一系列问题，当成是天文学界领域所有内容的核心研究对象的话，也不过都是在做无用功而已。天文学最起码得从三个点出发，即实用性、真实性和美学感受。

第一，与别的学科相同，天文学的探究也是以实际用途为目的的。如何计算时间，如何观察季节变迁，如何穿越荒凉的沙漠，如何度过浩瀚的海洋，等等这些问题，天文学都为我们提供了答案。它还通过占星这种手段，告诉人类未来会是怎样的。

但它并无不良居心。现在的许多天文学家都在研究与人类没有关系的天体的运行状态，本书的重点章节中，详细阐述了人类对未来探索的渴求，以及对未来世界最终命运的不断预测。那些擅长占星术的人，他们最大的错误在于，太过于重视人类和人类社会在宇宙中的位置了，以至于将人类的命运与宇宙万物的运行扯在了一起。所以，当科学稍微前进一步，人类开始认识到宇宙的中心并非渺小的个人时，占星术也就逐渐不复存在了。

现在，天文学的实用性不言而喻。轮船的航海航线，以及每天的时间，都是由国家天文中心提供的。目前天文学的研究中心已经转移到浩瀚的星空中去了，当然，这可比先人观测“星星”要兴趣浓厚得多。那些离我们看起来比较近的行星，天文学家们也拿它们没有办法，因为距离实在太过遥远。它的光束需要经过成百上千，甚至百万年的时间，才能到达地球。

近年来，为了巩固自己在整个科学体系中的位置，一种新的科学热点话题在天文学界油然而生。如今，天文学的各个学科已经不再是分头作战了，而是联合起来，为了某个问题并肩作战，既能追踪到直径只有几亿分之一米小的颗粒，也能发现直径有千亿千米大的星云。天文学的研究成果可以为物理化学等其他学科提供帮助，反过来也是一样。如今，恒星不再被简单地被定义为发光的物体，而是被分门别类地进行研究。我们在实验室中研究其特性，得到了很多实验结果，当然，毕竟条件有限，我们的物理学家也可能会错失一些真相，例如，某些星云中存在着其密度比地球上密度最小的物质还要低100万倍的物体，而某些星云中存在的物质其密度则要高出地球上物质最大密度的100万倍。我们拿来做实验的物质，不过是星云成百上亿种物质中的一种或者几种，又怎能仅仅根据这些发现，就证明物质的所有特性呢?

其二，天文学具有美学性。很多人迷恋天文学，仅仅只是因为它的美感。更多的人甚至只想了解更多未知的东西。人类天性如此，对任何事物都怀着强烈的好奇心。这门极其富有诗情画意的学科唤醒了很多人内心的浪漫主义情怀，使得本对科学不感兴趣的他们，开始踏足天文学的研究。他们极力想要挣脱凡尘俗世的枷锁，将目光驻足在更加庞大的空间中去，在看似漫长、实则稍纵即逝的生命中，获得一丝安慰。天文学为他们提供了做梦的空间，失去它，这类人将失去希望。

我们还是回到天文学领域来吧。但在此之前，让我们先按照正确的观测比例，来猜测一下他们的观测角度吧。

接下来，我们将要揭秘的是地球是怎样从太阳中诞生的，以及在20多亿年前，地球是一副什么模样。事实上，地球在形成之初，是一个高温的“火球”，根本无法容忍任何生命。它刚开始形成的时候，认人无论如何也想象不到，以后它会变成一个稳定的，有生命存在的球体，并且依附在它上面的山川河流，大洋大海以及动植物，都很好地存在着……

随着时间的推移，这个高温的“火球”渐渐地冷却下来，变成了液体的形状，接下来又凝固成了塑胶状，最终发展成为稳定的固体形态。从远古那些形状不规则的山川的影子中，我们还依稀能看出地球塑胶形态时期的痕迹。与此同时，气体就成为地球的大气层，水蒸气逐渐凝结成液体，形成了江河湖海。渐渐地，地球开始形成了适应生命的条件。但究竟它是什么时候出现，又为什么会这样演变的，我们至今还没完全弄明白。

地球上有生命诞生的最早时间，到现在还没能被确定，但至少不会很久，因为地球本身也才存在了20亿年（现在的推论普遍是46亿年）。无论怎么说，3亿年前的地球上应该可能就有生命的存在。刚开始的时候，生命全是由水生植物组成，后来逐渐开始出现鱼类，再由鱼类进化成两栖动物，接下来又进化为哺乳动物，最后再进化成人类。有确切证据证明人类的存的大约在30万年以前。这就说明，生命在地球上不过才存在了短短一段时间，人类就更不用说了。从另一个角度来说，也就是人类的存在时间与宇宙相比是微不足道的，至于人类的发展进化和不断繁衍，那就更不过是浩瀚的时空中一声毫不起眼的滴答声罢了。

远古时期的人猿，也就是人类的祖先，和现代人之间大概经历了一万年之久用以繁衍生息。最初的人猿虽已初具人形，但在生存习性上，更多的是趋向于动物性。他们还不太会思考，只懂得打猎、捕鱼等初级劳动形式，而解决矛盾冲突的办法通常是武力。随着生产力的提高，人类的意识开始逐渐觉醒，文明产生了。他们开始认识到，生活不仅仅是吃饭穿衣那么简单，开始出现私有欲望。人类渐渐地感觉到身体的美好，关注于水中的倒影，并且尝试着用能被记录下来的文字来表达自己的感觉。他们渐渐地开始使用金属和药材并了解水和火的作用，开始发现和思考天体的运行。对于那些能看明白天空中写着什么的人来说，昼夜交替和夜晚的群星，都暗示着地球外还存在着一个未知的世界。

渐渐地，天文学开始出现，随之又出现了其他的各种学科，以及关注于美的艺术。但是和人类的历史过程相比较，它们就像是刚刚出现的；而要是跟地球比时间长短的话，它们也就存在了弹指一挥间而已。

天文学在科学上来讲，跟单纯地看星星是不一样的，所以它的历史最多也不会长于三千年。阿里斯塔克斯、毕达哥拉斯以及一些别的天文学家得出一个结论：太阳是不动的，而地球则围绕着它旋转。这个结论得出来的时间不长，但它的重要性在于，从此，人类开始用确凿的证据来研究宇宙了，而不再是凭借着想象固步自封。伽利略在 1610 年将望远镜对准木星的那天晚上，是天文学史上非常重要的一天，虽然它已经过去了三个世纪之久。

当我们把估算出的数值用表格的方式记录下来的时候，才开始真正理解天文学的真正意义。

地球的存在时间	约 20 亿年（45.4 亿年前）
地球上有生命存在的时间	约 3 亿年（35.4 亿年前）
地球上有人类存在的时间	约 30 万年（400 万年前）
天文学的存在时间	约 3000 年
开始出现望远镜的时间	约 300 年

（注：括号里是现代推测的时间）

这个表格很直观地显示出，天文学的确是一门新兴的学科。它从最初出现算起，也不过是人类存在时间的百分之一，而与生命存在时间相比，更不过是它的十万分之一而已。地球上的生物，十万个当中，有 99 999 个是与地球之外的世界没有任何联系的物种。过去的天文学是人为地按照时间单位来估算的，这种方法计算延续了一百多代。可能将来天文学会有自己的计量单位，也可能它会因为不可预知的原因夭折。地球已经存在了20亿年之久，它连带着生命、人类以及天文学一起再存在20亿年，也不是不可能的。其实我们可以找到更多的理由证明地球能够存在得更长久。但如果将来我们要改用天文学上的单位来计算地球的生命时间的话，会有一些麻烦，毕竟天文学还刚刚开始，而且它毕竟是一门只能无限接近真理的科学。就像一个刚刚出生的婴儿，我们没必要现在就去探讨他将来是否会成熟一样。但即使如此，他毕竟已经睁眼来看世界，总比之前浑浑噩噩一无所知要强很多。

所以我们学习天文学，从它那里懂得有关于宇宙的知识。但我们不能仅仅关注这一项单一学科，还要去学习像物理、化学、地理学等其他学科，以及天文学的衍生学科，像天体学、天体进化学和天体理论学等等。这些学科都能帮助人们研究天文学。我们在单一学科当中得到的信息肯定是零散的，但我们能将这些零散的信息拼凑成一个整体。当有一天我们能把所有的信息都掌握住之时，我们肯定能得到一个完整的信息。但是就现在来说，信息还不够多，想要得到一个全局的概念还不太可能。不过至少我们可以把已知的信息都保存下来，找到它们之间的联系。等到将来更多的信息都到齐了之后，也许我们就能找到想要的答案了。

目录

目录
CONTENTS

时间隧道

第一章

人类共同的家园——地球

地球的生命源于一团炽热的气体。20亿年前，地球慢慢开始冷却、收缩，进而产生了山川和河流。沧海桑田，岁月变迁，它的表面蕴藏了生命进化的前世今生。

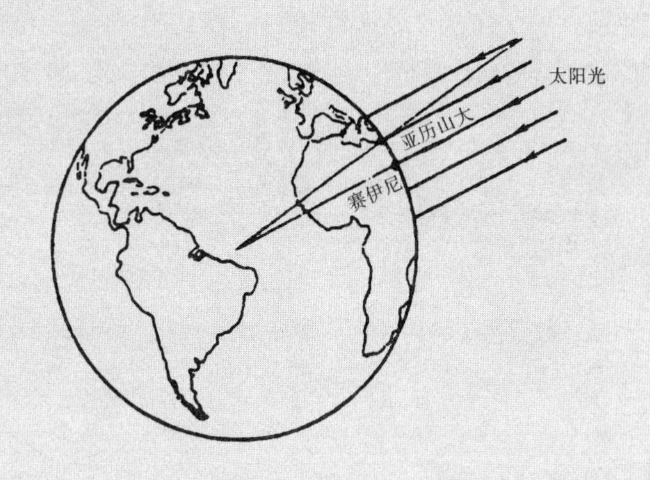

宇宙的画面

随着生活水平的提高和消费观念的转变，人们纷纷走出家门，喜欢到外面的世界看看，只要有外出游玩的机会就绝不会轻易错过。有的人也许已经去过很多地方，除了欧洲地区，也可能游遍了世界各地，领略过异域他国的美好风光。现在，就让我们经历一次有史以来最为美妙的旅行——遨游太空吧。经过这次旅行你就会知道，我们生存的地球就如同光芒中一粒微不足道的尘埃。在整个宇宙久远的历史中，让我们感到人类的发展历史只不过是瞬间而已。一个人的一生，更是转瞬即逝啊。

我们在太空中遨游时，会想象出这样一幅宇宙的画面——广袤无垠，让人难以置信；空旷寂寥，使人胆战心惊。在那片寂静的天地中，我们很少能碰上冰冷的、没有生命活力的小颗粒；更难得有机会遇到如火焰般燃烧的气态的球——我们叫它恒星——这些景象足以让我们感到欣喜，灵魂不再孤寂。在太空中，大多数恒星都是独来独往的，但我们也偶尔会碰到个恒星，它被众行星环抱着，它奉献着自己的光与热照亮并温暖着那些行星。然而，这些星体跟我们生存的地球不太一样，绝大多数甚至截然不同，用我们的言语无法描绘出它们的样子，更无法想象它们的物理条件。

我们在时空中穿梭，尽情遨游的时候，全部宇宙的过去、现在与未来就如同电影胶片一样将永恒呈现在我们面前。我们眼前的天空可能是100万年前的、10亿年前的，甚至是万亿年前的。我们将沉浸在辽阔无边的星空中，漫天的繁星，多得如同沙滩上数不清的小沙粒，它们在那里诞生、慢慢成长，直至最后消亡。我们将把目光聚焦在一颗微小的沙粒——太阳，它在天地初开的裂变中分裂成小块，最后聚集了众多行星环绕着它。我们还要把心思专注在这个家庭中的小家伙——地球。起初，我们的地球只是高温的气态球，后来逐渐冷却才慢慢成为了适合人类生活和繁衍生息的大摇篮。未来我们将看到生命诞生之初的人类拥有着自己的“地盘”，他们满心惊恐，望着这个生养着他们的陌生环境；他们满怀期待或是迷惘，走向那个充满着无数未知的未来世界。

地球在不停地转动

朋友，别开生面的、漫长的旅行开始之前，让我们先从我们自己的家——地球汲取我们需要的各种知识，为我们的奇妙旅行开辟宽阔的道路。我们都知道，地球是球形的。那么追溯从前的历史，怎样知道地球是球形的呢？我们可以通过周游世界的足迹知道，可以通过观察大船越过海平面时了解，还可以通过观察月食时地球在月球上的影子形状判断。这些听起来好似很容易，殊不知，意识到这一点时，人类探索的脚步已历经了几十万年，这个道理是人类汗水和智慧的结晶啊。就是在今天，还有人认为大地是平的。古希腊人，包括荷马人，他们都觉得大地是平的，像盘子一样。海洋全是河流，围绕着大地流淌。天空如同大盆子罩在大地上。第一个认为大地是球形的人大概是公元前 570 年左右出生的毕达哥拉斯。

我们知道地球在昼夜不停地转动。每一天，太阳、月亮和星星都是从东方升起，穿过天空，在西方落下。智慧的人类应该注意到了这一现象。假设一下，如果大地真是有些人认为的那样是平的，那么人们就会认为天空像个圆形大盆子一样绕着大地转，却不会想象成大地在大盆子底下转。毕达哥拉斯虽然认为地球是在宇宙中运动着的球体，但他没想到地球会是在星空下旋转。他认为地球是不动的，是宇宙的核心，所有的日月星辰都是围绕着地球自西向东地转动。本都山的赫拉克利德斯（大约公元前 388 ~前 315 年）是第一个明确指出地球在自转的人。地球的自转让人们误以为是星辰在天空中绕地球转动。

现在，我们能轻易证明是我们自己在星辰之下运动，而不是星辰在我们头上运动。我们开汽车的时候，都知道物体有种属性，就是“惯性”。那如何解释这个惯性呢？公元 100 年左右，普鲁塔克给“惯性”下了这样的概念：“一切物体在没有外力作用干扰时都会保持自身原本的运动。”1500 年后，艾萨克 · 牛顿又对“惯性”有了进一步的阐释：物体在没有外力作用或所受外力的合力为零时，会保持其静止状态或保持直线匀速运动。比如，汽车在快速行驶的情况下即使停下发动机，汽车也不能马上停下来，它在惯性的作用下还会继续前行一段。这时，只有踩刹车才能让车停下来，或是借助地面的摩擦力，风的阻力让车慢慢停下来。任何处在运动中的物体都有一种倾向，那就是保持现有的运动状态。这种运动状态在外力的作用下会改变。比如汽车的方向盘控制着前轮能够带动车的底部跟着运动，但是车的上部却还会“执拗”地保持着之前的运动方向。因此，大家都很清楚，车轮在高速运转时，快速转动方向盘，汽车就

图 1　毕达哥拉斯

会侧翻。雨雪过后路面湿滑，车与地面的附着力就会减小，当急刹车或者猛转方向盘时，汽车尾部就会被甩出，发生侧滑，这都是惯性的表现。在我们穿越时空的旅行中也会经常碰上这个问题。

这些现象给我们提供了很有力的证据，足以证明地球是在不停地旋转的。如果在绳子的一端栓个球或其他重物，让它像钟摆那样摆起来。这时，我们会看到，重物在空中摆动的方向是不受绳子的顶端控制的，不管绳子的顶端怎样缠绕，重物都会在空中沿着相同的方向摇摆，正如我们不能用方向盘来控制冰面上的车轮一样。

傅科摆实验

我们来一起做一个试验，找一个大摆锤，让它始终朝一个固定的目标摆动，比如一直朝向教堂的塔尖。如果希望这个摆锤摆得时间更长一些，就要找一个重物拴在屋檐下。因为如果摆锤太轻，它很快就会被空气的阻力阻挡住“前行”的脚步。那我们再假设一下，如果地球真的是静止不动的，那摆锤就会朝着教堂塔尖摆动，一直摆到“无力”与空气阻力抗衡才会停下来。但是，事实却不是这样。我们看到那摆锤偏离教堂越来越远。摆锤原来摆动的方向是不会变化的，因此我们能够得出结论：移动位置的就只能是教堂了。事实就是如此。是地球的旋转使教堂与地球一起转动，才改变了位置。

说了这么多，相信你已经着急了吧，怎么还不遨游太空啊。别急，准备好了吗，我们这就启程。带上我们的摆锤先到北极去，到那我们再做一次试验。我们不看陆地，以天空的某一颗星星为参照物，让摆锤朝着那颗星星摆动；假如我们确定大角星做参照物，那么摆锤就会一直以大角星为中心左右摇摆。这个试验说明大角星在空中的位置是一成不变的。这时，我们如果低头看地面，就会发现地球表面晃动了，

图 2　傅科摆

而摆锤摆动的方向却没有变化。地球转动的频率是每 24 小时转 1 周，更精确点说，是 23 小时 56 分 4.1 秒转 1 周。在北极做这个试验场景容易描述，结论也比较好解释。如果在其他纬度做这个试验就没有这么容易了。

这个试验就是非常著名的傅科摆实验。1852 年，这位伟大的法国物理学家成功地做了这个试验。他在巴黎万神殿的大圆穹顶上悬挂了一个大摆锤，当大摆锤摆动的方向和殿内墙壁的位置发生变化时，在场观看实验的数千人都为他们能够觉察到大地的转动而感到无比惊奇。

惯性原理

惯性原理证明了地球是在不停地转动的。我们大家都知道，英国的天气是瞬息万变的，可是英国人却完全不知道其他地区有些地方的气候差不多不变。赤道附近的地区天气一向很炎热，当风刮过时，空气受热后就会上升。就像热房间或烟囱里的热空气会上升一样。一样的道理，当风吹过北极和南极地区时，空气受冷就会下沉。

假设地球本身不转动，那么在赤道上受热的空气和在南北两极受冷的空气就会推动大气不停地进行南北流动。两极地区的空气受冷下沉，在其之后的空气下降后形成的压力使这股冷空气沿着地球的表面向赤道流动；在赤道这股冷空气受热上升，在上空向两极地区不停地流动。这样，空气来来回回流动往复，流动的现象是的的确确存在的，但是地球不停地自转这个更为复杂的现象却把它给掩盖了。

旋转的地球使整个大气的循环体系也跟着不停地运转。但是处在循环中的空气却跟不上地球旋转的步伐。在挪威的某个地区，围绕地轴旋转的频率大概是每小时 500 英里（约 805 千米），而赤道附近的某个地区，每小时旋转频率大约 1000 英里（约 1609 千米）。当地球旋转时，摩擦力使地球表面的空气随着地球的运动而不停地流动，但是速度大约是每小时在 500 英里至 1000 英里之间。同时，空气又从挪威这个地区向赤道方向不停地运动着。地球上的山脉和地表面并不能把所有空气都带动起来跟随着地球一起运转，空气的脚步总要或多或少地落后一点，这就如同汽车上的离合器没有咬合好、车轮的转速跟不上发动机的转速一样。当我们觉出空气的脚步滞后时，东风就会出现了。

赤道两侧从东向西刮过的风就是这样产生的，叫季风。如果地球是静止不动的，就一定不会产生这种季风。所以，季风也就成了地球旋转的“证人”。向西运动比向东运动要容易些，因为向西运动时，我们周围空气的阻力使我们不完全地跟随地球做“同步运动”。相反，向东运动时，我们需要“战胜”地球旋转给我们带来的更多的困难。

赫拉克利德斯说明了地球旋转之后，亚历山大的埃拉托色尼成功地计算出了地球的大小。他们与同时代的大多数人都认为从地球到太阳的距离要比地球的直径大得多。那么，我们不由得做这样一个假设：假如大地完全是平的，太阳就应该同时出现在全部地方的正上方。可他发现情况并不是这样。比如太阳在赛伊尼（今埃及的阿斯旺）的正上方时，却不是在亚历山大的正上方。亚历山大位于赛伊尼以北 5000 斯塔德（1 英里 =10.14 斯塔德）。由于太阳光在这两个地方不能同时处在相同的方向，所以他认为“正上方”的说法一定有区别。实际上他发现这两地阳光方向的距离是圆周的$\frac{1}{50}$，即 7.2 度。当太阳在赛伊尼的正上方时，在亚历山大，阳光却不是在正上方，而是倾斜正上方 7.2 度。或者用今天的概念来说就是两地间地面的弧度是 7.2 度（注：实际上两地的纬度相差 7 度 7 分）。这样的计算表明了地球的准确周长也许是 5000 斯塔德的 50 倍，即 25 万斯塔德。埃拉托色尼把这个周长修正为 25.2 万斯塔德，大概相当于 24662 英里。我们大家都知道，地球的实际周长南北向测量是 24819 英里，而赤道的周长是 24902 英里。埃拉托色尼的计算结果已相当精准了，误差不到$\frac{1}{100}$。

我们再做个试验来说明一下惯性原理——任何物体在没有外力作用时，都保持着直线运动。我们用一根绳拴上一个重物，然后用力把它抡起来做圆周运动。这时绳子突然断了，这个重物会“去向何方”呢？会继续做圆周运动吗？不，这个重物会按切线方向飞出去。虽然线断了，但是做圆周运动的重物自身特有的惯性会让重物沿切线方向飞出，并在重力作用下，按抛射体的曲线轨迹运动。而在绳断之前是那根绳会拉着重物一直保持圆周运动。

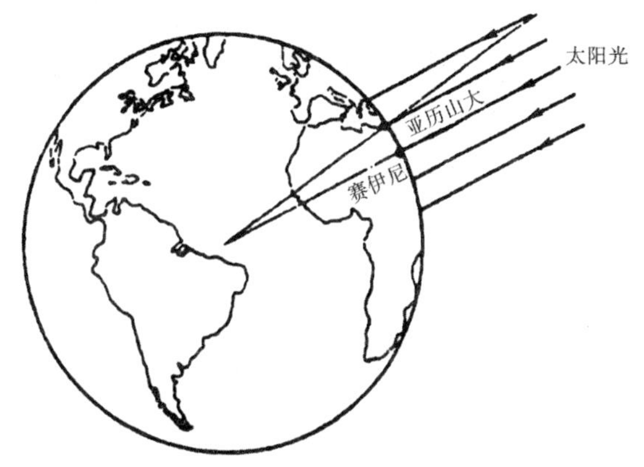

图 3 埃拉托色尼发现当阳光垂直照在赛伊尼时，在亚历山太阳光却偏离垂直方向$\frac{1}{50}$，即 7.2 度。他得出结果：地球的圆周是西印到亚历山大的 50 倍

地球赤道上的物体所在的位置就如同绳子上的重物一样，它们被地球“拽着”，以每 24 小时旋转 1 圈 24902 英里，速度在每小时 1000 英里以上。按照惯性原理的解释，如果没有什么原因阻止这些物体，或“拦住”它们，它们就会沿着切线方向撞入太空。

那么，到底是什么力量能够一直吸引着地球上的这些物体？这种力量我们叫它为“引力”，这个引力能够拉住我们的身体，让我们想跳也只能跳几英尺[①]高。这个力也同样能拉住地球上的所有物体。但是，这个引力也不是万能的。物体做圆周运动时速度越快，要牵引住它的力量就越大——这就像我们用绳子拴住重物抡圈一样，抡得越快，绳子的拉力也就越大。地球的引力对时速在 1000 英里以下的运动物体容易拉得住。但是，如果物体运动的速度更快些，这个引力能控制住物体的能力就小多了。如果地球以 17 倍于目前的速度旋转——85 分钟转一周，那么，地球对物体的控制力就消失了。那时的景象会让人瞠目结舌：赤道上和赤道附近地面上的物体会沿切线方向飞入空中；大气和海洋也将如影随形，一同升空。地球上的万物就像附着在车轮上的小水珠一样，轮子转得慢，水珠就会安然躺在车轮上；一旦轮子转得飞快，水珠就会被轮子“抛弃”而粉身碎骨。

从实际来看，赤道上的物体还远未到被甩入空中的情形，但是有这种倾向。

① 1 英尺 =0.3048 米

例如赤道上的人会不费力气地跳过 6 英尺高，可是在其他地区要想跳过 6 英尺高就需要用很大力气。这是因为地球每小时 1000 英里的转速帮助他克服了一些地球引力。正因为这个，在不同纬度创造的运动纪录也不完全一样，靠近赤道的地区对记录有影响。

我们一起来看看能够证明这种倾向的进一步的证据。地球本身是球体，中间地带也就是赤道地区是凸出来的。人们常说地球如同苹果一样，是扁平的。其实地球的最长直径比最短的直径只长出 27 英里，仅仅相差 $\frac{1}{300}$——这样的“苹果”看上去是相当圆的。虽然地球只是有一点点扁，简直是微不足道，但我们能够很清晰地看出有些行星的转速很快，它们飞行的轨道扁得很明显。在我们以后的旅行路途中还会看到其他很多天体，它们旋转得也非常快，它们赤道上的物体实际上已经被甩进太空中了。

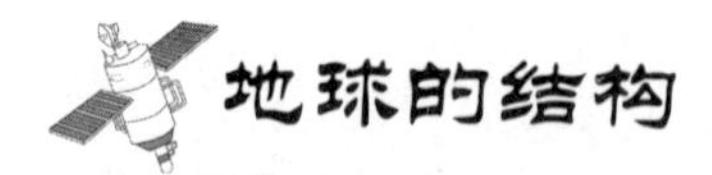

地球的结构

地 表

我们生存的地球从外形上看有点像扁平的苹果，但它似乎不像苹果的表面那样光滑圆润，地球的表面是粗糙不平的，并且高低有致，有高耸入云的大山，也有深不可测的峡谷。好像这样的形容有些夸大了地球表面高矮不一的程度。如果按照正确比例来画图，只有达到 50 英里高的山脉，画图时才能画出来。实际上地球上最高的山峰珠穆朗玛峰还不到 5.5 英里高。地球仪的直径为 12 英寸，我们重叠一层纸就表示大约 7 英里的高度，这样体现出的高度比地球上实际出现的高山还要高。考虑到不同情形，地球确实是个非常完美的球体，好似比苹果更圆、更光滑。把地球比喻成苹果，从第三方面来看也不妥当：地球上的山脉的形成并不像苹果表面的小疙瘩或者小条纹那样有条理，山脉实际上是不规则的，如同缺少了水分快要干瘪的苹果上的褶皱，沟沟壑壑的。很巧，这种比较好像挺形象，

图 4　珠穆朗玛峰

其实地球上的山脉就是地壳不断运动收缩形成褶皱而逐渐形成的；它们的样式跟干瘪苹果皮上的皱纹完全一样。这些问题对于我们来说，或许不好理解，还需要我们在遨游时空的过程中研究更多的问题——上到盘古开天地，下达地球“心脏”，慢慢地去追寻地球的前世今生，才能对地球有全面、详尽的了解。

我们怎样才能直抵地球的“内脏器官”，摸清它的内部结构呢？我们可以像开矿寻找煤炭那样挖个大坑、也可以像开凿深井探寻石油那样。可是用这些方法我们都不可能到达地球的“心脏”。钻井探油，只能达到地下 8000 英尺的深度，开矿挖煤也就能达到地下 4000 英尺。即使我们用尽全力挖掘出最深的洞，也就只相当于在苹果的表皮上扎个小坑而已，我们距离地球的“心脏”还远着呢。

正是由于这一点，我们对脚下数英里深的地球内部了解的知识少之又少，可我们对距离我们最远的星辰运行的状态都能有深入研究。不要对这个感到惊讶，事实就是这样。但是新兴的地震科学却告诉了我们有关地球中心的发展状态的情况，它所探寻的深度要比我们挖的矿井深上数千倍。

地球内部压力

很多现象都表明了地球内部的压力是不断地变化着的，为了适应这一直变化的压力，地球的内部结构也永远在不断地变化。可是有时候地壳变化的脚步会跟不上或承受不了地下压力的剧变，这时，地壳就会突然裂开，造成地动山摇——发生地震。

当发生地震时，震波就会从地壳裂开处向各个方向传播到地球的周围，这个情景很容易想象。比如我们在玩耍时向河水中扔一小块石子，水波就会从石子掉到水面的那一接触点开始向四面荡漾进而传遍整个水面。当这种震波出现在地球表面时，它们就带有关于震波从地球内部向地表传播的过程中所遇到的地质情况的大量信息。因此，分布在世界各地的成百个地震台或地震观测站就会把这些震波及时地记录下来，以供科学家们仔细研究。这些地震台和观测站每年都能记录下世界各地的数百次地震。值得庆幸的是其中很多的地震比较轻微，对人们的生命和财产并没有造成损害。这种地震需要有灵敏的地震仪才能感知，我们几乎感受不到。

这种仪器有一个长臂或水平摆，它能够在一个垂直的枢轴上来回地自由摆动。这个立轴又通过某种方法连接到地面上的岩石或泥土。当地面震动时，就会产生震波，枢轴就会随之震动，与此同时，水平摆就会开始摆动。在水平摆的下端放有一支笔，这支笔在移动的纸上就可以自动记录下震动的波形。两台这样的仪器同时工作才能够记录下震波，水平摆分别为南北向和东西向。如果

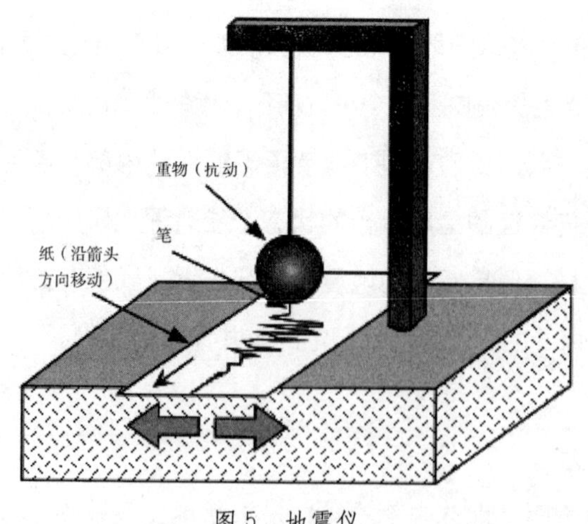

图 5　地震仪

只有一台仪器，水平摆就无法记录下它所指的是哪个方向上传播过来的震波。

水平摆的悬吊越准确精密、敏锐，这种仪器的测量结果就越精确无误。这样，地面上的一切震动它都能如实地反映出来，不管是什么原因引起的。比如，它能够记录下来往的火车、汽车、卡车所引起的地表震动。记录得太多也会影响观测者，要想不被这些现象所干扰，排除这些干扰的最好办法就是把地震仪安放在人车较少的僻静之地。即使这样，观察者也还会因为海浪拍击岸边而使整个海岛震荡，从而地震仪就会随之震动。因为这个，即使是远离海边的陆地观测者也能凭着地震仪的记录清楚地知道海上是波涛澎湃还是风平浪静。在印度克拉巴地震台得到的记录图形的变化，跟孟加拉湾和阿拉伯海的现状有直接的联系。这种仪器还能记录下 1000 英里之外的暴风雨。因此，人们曾绞尽脑汁试图用地震仪来预测龙卷风和季风。

各种情况都能或大或小地造成地表局部的震动，但对于有经验的观测人员来说，区分其他原因导致的地表震动与地震导致的整个地球的震动并不困难。图 6 显示了地震仪的部分记录，第二行右边的大波形记录的是具体的地震，其余的小波线都是原因不明的小震动导致的。

当地震仪记载到地震波时，不同的地震台都记下震波时到来的时间。依据各地震台间所记录的不同时间，能够算出震波在地球表面传播的速度。

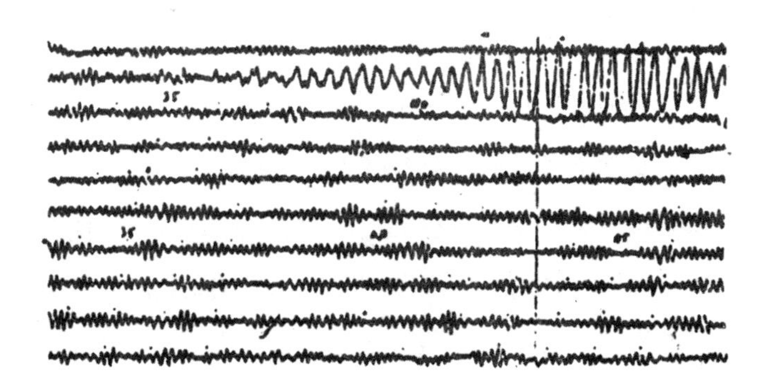

图 6 地震仪的部分记录。第二行右侧的大波纹记录的是一次相当强烈的实际地震，其余的小波纹都由原因不明的震动所造成。

假如地球内部的结构和组成成分是有规律的、相同的，那么地震波的传播速度就应该是一样的。但实际情况并非如此，地震工作者发现，地球深处的震波传播速度要比地表震波的传播速度快得多。另一方面，地震波传播的平均速度在同一深度是一样的。传播方向对传播速度没有影响，无论是南北向的、东西向的，还是其他方向的。地点不同也不影响它的传播速度，无论是大陆地下还是在海洋下面，不管是新大陆的地底下或是旧大陆的地底下，只要在同一深度，震波的传播速度就都一样。这说明地球内部在同一深度的构造、物质的构成总体相似；而深度不同，情况就可能不一样。

这样一来，我们能够想象出地球内部就如同洋葱头一层一层相互包裹起来呈球形，或者我们可以把地球比作裹了许多层的大圆包裹。

发生地震时，大多数观察到的、感觉到的震波可能受到损失。沿着地表（即地面）传播的震波叫做“面波”。除此以外，还有两种明显的不同方向运动的震波在地球深层传播。一种被称为“P 波”或“初波”；另一种叫做“SP”或“次波”，是一种横向运动的波。横向震波只能在固体中传播，液体或气体都不能传播横向震波。实际上后一种震波在地球内部到处传播，只有在一部分区域，即地核部分不能传播。地核部分大约是个直径为 2200 英里的圆球形状。根据这个，我们就可以有理有据地说：整个地球除了地核部分外，全是固体。地核可能是液体也可能是气体，或者还有一种我们所不知道的其他的物态。地核也很可能是一种很重的液体，它的密度是水的密度的 10 倍或 12 倍。这种液体的核心部分很可能是铁熔液，可能还混有镍。地质学家们曾经认为，它的化学结构跟常常落在地球上的陨石差不多。可实际上，这种陨石的密度通常并不一定是水密度的 10 倍或 12 倍。但是，在很高的压力下我们常常不可能看到它们，而地心的压力一定特别高，因为它要支撑起地球大部分的重量。据粗略的计算得知，地心每平方英寸的压力可能在 7500 吨左右，这相当于大气对地球表面的压力的 100 万倍。地心的压力或许更高，达到每平方英寸 1 万吨。

我们不妨把地核作为我们的包裹内容。其外第一层大约有 1700 英里厚，我们把它叫做“地心圈”。在这一圈，两类地震波都可以传播，这足以说明它是比钢还硬的固体。即使在地心圈内部，地震波传播的速度也不是一样的。如果把地球看成一个整体，在地球较深的地方地震波传播速度更快，这说明较深层的物质比浅层的物质要硬。在地心圈内部，也许有这种现象存在：最深层的铁、镍等重物质会逐渐向构成地表岩石那样的较轻物质方向演变。

岩石层

地心圈伸展到距地球表面大约 50 英里处，剩下的这几层相对要薄一些。科学家表示，这几层所含物质是由岩石组成的，因此我们把它叫做“岩石层”。地震学家探测出有明显的三层，而在这三层地质结构中地震波传播的速度和方式都不一样，这虽然不能更多地证明什么，但至少为研究岩石层的结构提供了各种依据。地质学家们研究了最深层的物质情况，但最终没有获得一致意见，然而对中层和上层的结构获得一些相同结论。一般认为中层可能含玄武岩，上层差不多肯定含花岗岩。

图 7 是根据观察到的地震波形想象出的地球内部结构图。地球表面最高的山峰，只相当于岩石层的$\frac{1}{10}$，因此肯定比图中最外面的线要细。最外面那条线可代表地球表面。

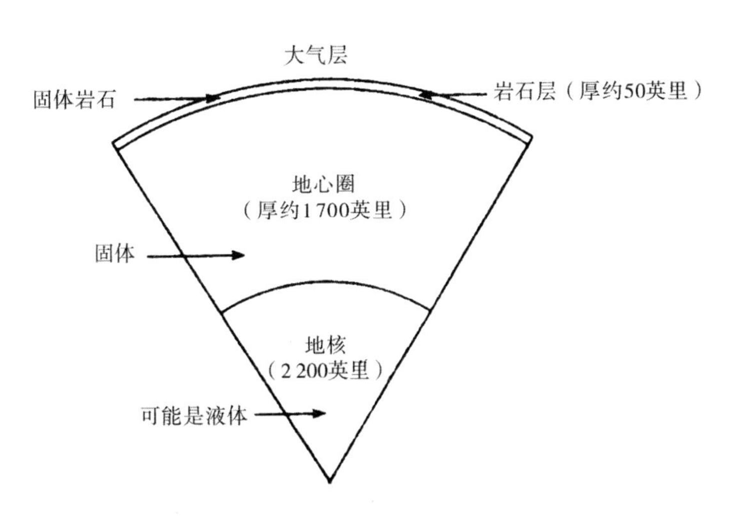

图 7 地球内部结构图（按地震学资料绘制）

沉积层

地球基本的稳定部分就是由地球的核心部分和我们上文描写的地心圈各层构成。可以更形象一点说，如果我们继续把地球比作是个苹果，那么苹果核就是地核，果肉就是地心圈，果皮就是岩石地层。这样画出来的地球结构图就比较合乎比例。除了这几层之外，外面可能会暂时出现性质多变的其他地层。我们可以大胆地把这些看作是苹果皮外面的尘土、雨水。

首先，我们先来了解一下这个苹果皮上的“尘土”。这个地球表面的地层被称为“沉积层”。沉积层有很多层，它们的整个厚度各地区存在很大差别，从数千米到零，因为有些地区岩石层的花岗岩层差不多都裸露在地表。

其次，我们再来看苹果皮上的“雨水”。这是地球最上面的海洋，因为大洋中也有露出水面的陆地，所以，它的深度从最深 5 英里（约 8 千米）到零不等。

大气层

最后我们看看地球表面的外层，我们叫它大气层。大气层由两层组成，一层是“对流层”，另一层是“平流层”也叫“同温层”。我们将在第二章对这个进行详细探讨。

我们知道地表薄层是由很多不同的物质组成的。一般情况下，深层所含物质比浅层所含的物质要重，就好像重物质会沉积到地球深层，而轻物质会浮到上面一样。但是，这种分离并不那么绝对。在最外层同样能发现一些最重的物质，如铅、水银、金等。

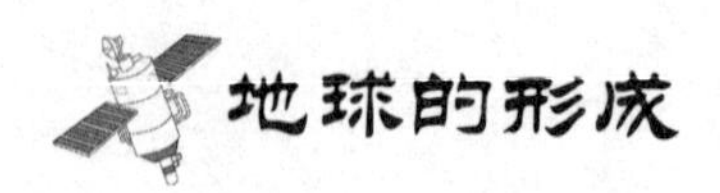

地球的形成

原始岩石形成

在开天辟地之时，我们将看到地球的生命是怎样诞生的。它生命的源头很

可能是一大团灼热的气体。在一场大剧变中地球诞生了，当时的世界，天翻地覆，黑暗混沌，各种物质都混合在一起，但有的并未全部化合，后来平静下来，大动荡停息了，慢慢浮上来的是较轻的物质，逐渐往下沉的是较重的物质，有的沉到地核里。

在这段时间，地球的温度呈现出一直下降的趋势，一直到液化，最后到固体的出现。当地球某一部分成为固体后，这一部分内部的每种物质就固定下来了，不会再上升或下沉了，它的位置从此就在一块固体物质内部固定下来了。从地壳上和地球内部轻重物质的分布情形可以看出，当时的分离进行得很有秩序。当然还没等完全分离开，地球就已经固体化了。

因为地球最外层的几层已经没有保温层了，所以冷却得最快，所以这一部分是最先形成固体的。这样一来，地球的外壳是硬的固体，内部却是较软、较热的气体和液体，我们可以把它比作刚出锅凉了一小会的肉馅饼，外皮虽然不太热了能够入口，可是里边裹着的馅仍然烫得下不了嘴。就像要想如愿地吃下馅饼，就要把馅饼放在一边让它凉着一样，地球为了给我们提供适合生存的温度，也经历了一段漫长的过程。在这个过程中它逐步使内部几层冷却，同时收缩。因为像气体这样的很多物质，遇冷都要收缩。

馅饼的皮能够包住馅才称之为一个完好的馅饼，普通馅饼的皮完全可以承担住焰饼的重量，但是当馅有数百万吨重时，那普通的硬皮就会无法承受了。地球的外壳就如同那馅饼皮，大概也经历过类似的情形。内部的几层冷却收缩后就会与地壳表层分离，当然也就不再负责支撑地壳的重量，于是地壳就向下塌陷，到地球的内部层面去寻求能够让自己依靠的支撑物。在这个过程中会产生这样的问题：在物体表面固化并停止收缩的状况下，怎样才能进一步变小？我们还是做这样一个形象好懂的比喻来说明这个问题：如同一个苹果缺失水分发生褶皱，时间一长，苹果柔软的果肉和核就要收缩，于是苹果皮就起褶皱。地球表面的褶皱差不多成垂直状态时，页岩和石灰岩就会破碎。这种地球运动的结果可能也是那一层层破碎的原始岩石形成的原因。

高山和峡谷

高山和峡谷也是在地球的这种运动中逐渐形成的。这个过程还没有完全停止，地球表面还在慢慢地变动，那里高起，这里塌陷，逐渐出现新的高地和新的低洼。有时会有地震造成的突然下陷，这在前面已经谈到过。有时正在下陷的地壳和已经下陷的地壳会对地球内部的热的物质形成压力，这个压力会推动热物质沿着裂缝逐渐上升，直至喷出地面，这就是火山、油井、温泉和间歇泉等现象的由来。这种情况在地球的初期运行中肯定进行得更加激烈，当年很多火山运动的痕迹在目前地质状态中遗留下来。虽然现在地球上的活火山不多见了，但是我们有证据可以证明当年火山爆发形成了许多山脉。

如今，在地球表面不少地区同样能够见到很早以前火山爆发时喷发出来的许多的岩浆和熔岩流，在地质上我们叫它为“火成岩”。比如阿艾夏海岩巴兰特律的岩浆流，这股岩浆流也许是直接流入大海，马上冷却形成固体，最终成了现在大片的“枕状岩”。虽然这片岩石可能经历了 4 亿年的风霜雨雪，但那种磅礴的气势依然体现得完美无缺。非常有名的北爱尔兰安特里姆的玄武岩巨人岬也给我们提供了类似的例证：当年的熔岩从地球内部喷涌而出，遇水后形成现在这种引人注目的六边形石柱。这些从火山口喷出的熔岩，为我们提供了地球内部物质最真实可靠的范本。根据这些现象我们可以设想，水和气体大概也是以类似的形式从地球内部喷出，成为了海洋和大气层的构成部分。

当地壳塌陷，和它先前已经收缩的内部物质融为一体时，那些褶皱的形成并不是完全没有规则。因为地壳在结构上的组成并不是单一的物质，很可能既含有轻物质，又有重物质。一般情况下，较轻的物质会在上面，形成山岭，而较重的物质则往往落到山体的下部，形成山谷和海底。所以，每立方英尺的海底物质要比每立方英尺的高山物质重，我们也许会很自然地这样认为。最近，认真仔细地测量证明了这一点。

那到底怎么证明这个问题呢？哦，有人说了，是不是可以从一座山上取 1 立方英尺的物质，再从一个海底取 1 立方英尺的物质进行对比啊。当然不是，科学家们根本不试图用这种方法，对于高山来说太原始了，而对于海底来说又是不存在的。很早以前，人们把一个很长的摆锤放在高山顶上，通过摆锤的摆动来测出高山的构造。这个摆锤表面上看如同非常古老的钟摆，但是制作得特别精密、科学。最近几年随着科学的发展，更精密的仪器代替了原始的摆锤，但是根本的工作原理没有变。

山顶离地心远一点，所以它跟下面的平原相比所受到的地球的引力相对来说就会小一点。那么，放在山顶上的钟摆让它左右摇摆时，摆锤摆到最低位置要比在平原上时更慢一点，所以所需要的时间就比在平原上所需要的时间长。也就是说，山顶上的钟表会走得慢。假设山体是由地壳上的平均物质构成的，那么我们就可以精确地计算出钟会慢多少。如果实际所慢的时间比计算出来的时间略微慢一点，说明形成山体的材料比地壳的平均质量要轻。如果把钟放在潜艇上带到海底去，条件正好相反，如果海底是由地球上平均物质组合的，这个钟就会比在平原上时走得快一点；假如钟走得比这个值还快，说明海底是用较重物质构成的。

最近（编者注：此指本书的写作时代而言）有个理论叫做“地壳均衡论”，它使上述理论更为严密。这一理论是这样阐述的：高山矗立在平原之上，就像船高出水面一样——它们都在漂浮。这一理论还假定高山像船那样，它的整个重量决定它在前行时的高度。一条船，包括船身、船员和货物的总重量是3万吨，它前行时的高度是它排水3万吨时的高度。或者可以这样说，如果突然使这条船离开水面，水面上就会出现一个大坑，需要3万吨水才能填平。这一说法依据的就是2200年前阿基米德的原理。

地壳均衡论

地壳均衡论假定高山漂流的高度同样是由上述理论决定的。当然喽，我们只是假想高山如同大船一样在水上漂浮，并不是真正地在水上漂流或者在真正意义上的液体中漂动。我们大家都清楚，普通沥青看上去如同固体，但是如果对其施以长时间持续不断的压力，它就会像液体一样变形；而液体一旦受到压力，

就会立刻变形。沥青具有很强的弹性，可以变形达数小时或几天；冰的变形要几个月或几年（如我们在冰川所见），而玻璃的变形则需要更长时间，十年甚至数百年。我们现在论述的物质如果经过数百万年也能变形的话，也就可以证明这个问题。许多方式的计算告诉我们，也许只有深入到地层20英里处我们才能找到富有弹性的层面。好了，我们现在谈论的问题是个一般性问题：沥青或任何其他物质受热后更具可塑性，更容易变形。地壳的变化恐怕也符合这个道理。因此，20英里深的地球内部物质能够提供所需要的可塑度。地壳均衡论认为，重达万亿吨的高山可以从地面之上“拔地而起”，就是因为山下地层深处可塑性地层里的万亿吨物质被它代替了。最精确的测量证明了这个理论，准确地揭示了观察到的高山的高度。

说到这里，我们先把这个话题暂时放一下，向读者阐明一个更新的理论。德国的一位名叫魏格纳的科学家提出了这个理论。这项理论即使在科学家当中并未受到广泛的认同，但是非常有意思。这项理论认为各大陆和大岛屿都如同船一样在漂动，而且像每一艘独立的船一样可以彼此靠近或彼此远离。这一理论还认为新旧两块大陆的形成是这样的：它们原本就是一艘巨大的船，后来由于发生海难而破碎成两块，之后就彼此分离，其中一块形成欧洲和非洲，另一块是南北美洲；并且有个证据可以证明：如果把新大陆往东北方向拉3150英里靠在非洲的西南部，使巴西的伯南布哥对着非洲海岸的喀麦隆湾，会十分吻合。虽然从地图上看并不十分符合，但是我们不能认为这根本是巧合，因为这两个地区在大西洋沿岸的地质构造十分相似。

图8 魏格纳

那里的山脉、岩石甚至化石都类似。正是由于这些，长期以来，地质学家们一直猜想这两个大陆最初是合在一起的，共同组成一个大陆。而新理论阐释了这两个大陆是怎样分离的。如果把北美再向东拉，将会与欧洲很吻合，北美的新英格兰将与我们的旧英格兰依附在一起。魏格纳认为，现在漂在大洋上的所有陆地，在若干亿年之前曾经是约占地球表面的1/3的全部大陆。

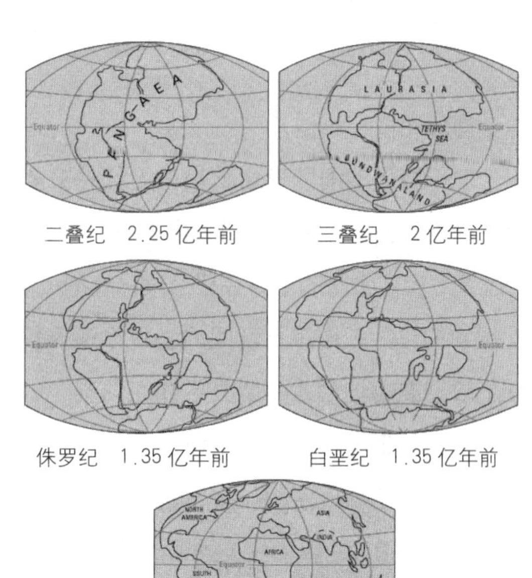

二叠纪　2.25 亿年前　　三叠纪　2 亿年前

侏罗纪　1.35 亿年前　　白垩纪　1.35 亿年前

现　在

图 9　大陆漂移示意图

除了这些理论或假说之外，我们都清楚，山脉，甚至包括大陆的高度，都是在不断变化的。在我们爬山的过程中，我们常常能够看到石头往山下滚，但如果你看到石头往上滚，我想你一定会大惊失色，目瞪口呆。雨水、雪、冰甚至还有风，常年不断地侵蚀着岩石，使之渐渐风化，这些雨水或大风会使山坡上的岩石慢慢破裂、松动，结果终于有一天承受不住它们的“打磨”而滑到山下。我们会看到每个山脚下都有的大概相同的景象：巨大的砾石、成堆的碎石岩屑等堆得到处都是。位于昆伯兰的瓦特韦特东侧，一座不怎么高的山脚下堆积着大量的碎石岩屑。高山顶上的积雪逐渐形成冰川，在滑进峡谷的同时携带着大量大小不等的岩石。在丘陵地带，雨水、山洪时常冲刷山坡，这时，就会把山坡上的大量泥沙冲进大海。我们时常见到高山上的物质被冲到海底。这个过程使高山的高度下降、海底上升。

地壳均衡论表明，总的高度最少能部分地互相弥补。因为当山上的土石被冲下来后，山脉的重量变轻了，因此就能漂得高一点，补充了一点失去的高度；而海底因为融入了河流冲来的大量泥沙而变重了，于是就会下降，从而部分地抵消了因大量泥沙的沉积而增添了的高度。

海陆变化

地球表层的海陆变化就是由于这种在高度上趋于一直的调整，当然还有另外的原因；整块陆地降到海平面以下，海底突起，于是新大陆或高山就出现了。公元前6世纪希腊的色诺芬尼有过这样的记载：在内地，甚至在高山上发现贝壳，在纽约的锡拉丘斯采石场同样发现了海藻和鱼类的化石。在这次时空旅行中，我们没必要特地到古希腊去寻找海陆变迁的证据，因为在我们身边到处都能找得到这样的证据，特别在伦敦的白垩山，在那里发现了大量的海洋微生物的化石和贝壳。这足以说明，那里从前曾经是一望无际的深海底，和现在的大西洋中部的海底很像。我们在英国沿海的海底也发现了很多森林和陆生动物的尸体。

"剥蚀"就是泥土、沙石从山上冲下来；那么，"沉积"就是泥沙等流进大海、沉入海底。沙石沉入海底就会形成沉积层，在前文我们把它比做苹果皮上的尘土。如果不是因为地球表面反复出现升降变迁或者一直调整高度，那么海底的沉积层应当很均匀，一层层很整齐地排列，就像摆放在桌子上的书本一样。地球上的广大区域，如加拿大东部的宽广地区，西伯利亚东部的广大地区，波罗的海沿岸、俄罗斯西部地区以及远古冈瓦纳大陆的残存地区，还有南美洲东部的大部分地区、南部非洲、阿拉伯和印度等地区，不同的沉积层都一层层平整地排列着。在非常小的范围里，如在海边的山崖、内陆的高山上，我们也经常能看到一层层的沉积层，整齐的、层次清晰的岩石和沙土。这种沉积层被地质学家们叫做"条痕"。例如美国科罗拉多河谷那种条痕地层的大面积下切，仅凭借人的力量在几天之内是无论如何也完成不了这种切割的，这乃是大自然在历经数百万年后凝成的鬼斧神工的非同寻常的作品。

科罗拉多河千百年、上万年在这块土地上不停地流动，逐渐下切，河水冲洗着表面松软的泥沙，将它一同带进无垠的大海。我们看到一层又一层堆积起来的总厚度达5000多英尺的岩层，这些岩层大体看上去绝大多数层面都非常平整，但是有几处地层突起和沉入海底的论据是逃不过有经验的地质学家的眼睛的。

地球表面的下沉和上升可能在其他地区不一定会出现，但是部分地区的也许会出现地壳裂口、断块错开，于是“条纹”就不会是连续的了。我们把这种现象叫做“断层”。

假如英国大地能有一条像科罗拉多河这样的河纵贯着，我们就可能用一张地质图来代表科罗拉多“条痕”地形图，这张地质图表明英国地下不同层次的构造。可惜，英国没有这样的河为我们展示这种景象。但是地质学家可以通过在各地挖洞钻孔所获得的地质资料来分析研究地表组成，或许能画出一幅英格兰斯诺顿到威尔士的哈韦奇一线地表构造图。不管世界其他地区的地质层是怎样的，但我们看到英国的地质层已经不再是整齐、规则了，展现在我们眼前的是倾斜、破碎、断裂的景象，这种现象是前文讲过的地层高度反复升降、多次调整造成的。我们可以明显地看出，这里曾经发生过地层的大面积偏斜，导致西边高起、东边下沉，而局部地区发生明显的变异。东部地下的突起把岩石层抬高到离地表有几英尺，而其他地方却在数千英尺之下。地面却没有受到这种地质层的偏斜的影响。也就是说，虽然地质层严重偏斜，但是地面却没有相应的倾斜。因为地表原本应当很高的地方已经被风霜雪雨侵蚀、冲刷掉了，并填补了原来的低洼之地。假如我们还是把地质层比作书本，那我们不难想到这本书已经不再完好了，而是被揉搓得不堪入目，并且搓碎、撕掉了其中的很大一部分。

图 10 显示的是伦敦从南到北 70 英里较短地段。在图上，无论在北面还是在南面，我们都没有看出十分明显的倾斜。但比较显眼的是，从整体上看这本书不是很平直，而是略微有点弯曲。我们看到伦敦处在黏土层上；下面是断裂的白垩层，有 650 英尺厚。我们能够看出，这里曾经是海底，当年发生的种种

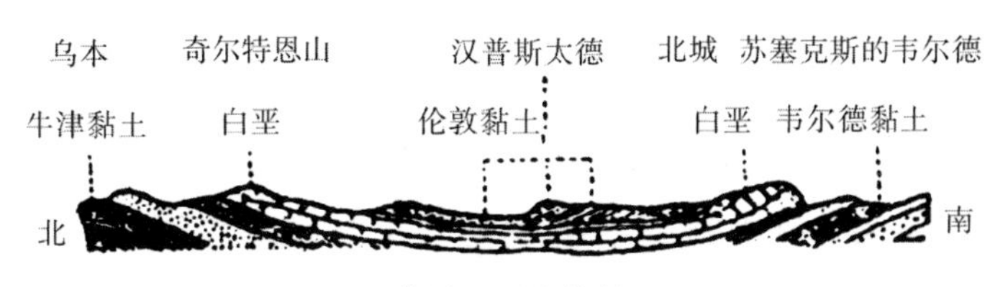

图 10 伦敦地质结构剖面图

变迁还依稀可见：开始是地下的地层高高隆起，使原本平坦的海底变成了高低起伏的陆地；然后水从地势较高的黏土层向西流过白垩层；接着就形成了比较宽广的河流，又逐渐沉淀形成白垩沉积层，部分地淤填了河床，但因为白垩山较高并没有因为这个受到影响。第二步是原始人在河边挑选合适的地区开始定居。最后，在黏土层上就出现了伦教，被白垩山四围环绕。白垩山在伦敦南侧，从丹佛那白色的悬崖到吉尔德福德那连绵的群山，通到猪背岭以西，一直延续到汉雷的托马斯北面，越过奇尔特恩山，再到赫特福特夏的白垩城，最后到达剑桥夏。地质层的变形在这张地图上体现得很明显。有时在只有几英尺宽的岩石标本上，乃至在非常薄的显微切片上都能看到十分相似的地层变形。

还有一个非常有趣的地方是，这本倾斜歪曲的“书本”看似普通无特备之处，但它实际是一本不可多得的历史书。不管这本书有多么倾斜弯曲、多么零碎不整，但每一页都有它独特的经历：都是在一个既定的时期沉积下来，都有特定的长度、宽度和厚度；或者至少是在一个确定的时代期限内形成，因此在这里蕴藏着历史发展的全部印记。

为了准确地弄明白这一点，我们把思路从托马斯转向尼罗河畔。在埃及的大地上，尼罗河每一年都疯狂泛滥，肆虐的洪水形成的沉积物使埃及的高度升高 1 英寸左右。假如我们在这沉积层上往下挖 1 英尺，500 年前的遗弃物就会出现在我们眼前。再往下挖 4 英尺，公元前后的物品肯定就映入我们眼帘了。所以，埃及的土壤就是埃及历史分层记录的见证。如果我们再继续向深处挖掘，这片土壤就可以为我们打开那些美好的历史篇章了。比如通过研究古币的铭文我们就能了解那些法老的特点和成就；研究一般的器具、武器和工具，我们就能知道人们当时是怎样生活的。

我们可以用同样的方法研究一下世界其他地区的地面，但由于沉积物是在不同地区以不同速度沉淀的，所以每一英尺的沉积物不可能总能代表 500 年历史。在许多地方由于断层、地壳的升降破裂，导致整本书都被弄乱了，书页也撕破了，所以，许多历史篇章并不一定像我们在挖掘时见到的那样一页页有规则并连续地排列着。但这也未必不是好事。因为，假如地层不经历升降破裂的变化，书页都那么整齐规则地排列着，那么我们就得往下挖 100 多英里才能靠近到最下层的地质层。而大自然好像也在助我们一臂之力，我们经常钻孔钻到比较浅的地方，有时甚至走过某一地区那较深层的书页，就能让我们一览无余。

地球的年龄

我们一步步接触地球表层的过程，其实就是在翻阅地球史，记载它发展进程中的不同文明史的过程。智慧的人类观察并探究走过的一片土地，每走一步都带着对历史的研读和赏析。首先，我们看到的是那遗留下来的各种各样的钱币、石刻，这些是文明程度十分高的人类留下来的；随后看到器具、金属武器和火石，这是原始人用过的，还有他们猎获的动物尸骨。在更深层，我们还看到更为古老的记载：类人猿遗留下来的化石。再往下，就是那蛮荒的史前时期，呈现在我们面前的是鬼怪似的庞然大物的遗骨；再往地层深处看，就只有爬行动物、龟类和植物的化石了；到最后一页，都是没有生命气息的土壤、水和岩石了。

那遥远的过去所发生的一桩桩改天换地的大事在地层中一一为我们再现，尽管各事件发生的具体时间我们还不能准确地说出，甚至这一历史长河中最精彩的事件发生的时间我们都没记住，但这些历史足以让我们后人为之惊叹。在学校我们总是希望能像记数学公式一样精确地记住那些历史事件的时间，但往往事与愿违。也许是因为这样的记忆太干枯无味了吧，比如我们读到大约700年前，英王约翰无奈地签署大宪章时，我们后代人却要花费心思记住那个年代 1215 年，实在是乏味、枯燥。

现在物理学家发现一种很好的方法，它能够确定地球这部庞大的历史书的各个篇章的日期，用这种方法探测到的日期很精确，而且这种精确不是让你费劲地死记硬背，不会让你觉得无聊、枯燥，而是令人十分感兴趣。

在日常生活中，我们知道有些表的表针在暗处同样能看到，因为上面涂了一层镭涂料。在黑暗中表针发荧光，可以清楚地指示钟点。那种光看上去好像稳定，但在精密仪器的测量下它却不是很稳定的。镭原子无数次爆炸让它能够发光，而每一次爆炸都会使一个镭原子死亡，或者应当说每一次爆炸都导致一次转换。因为，在镭原子还没有完全消失时，就产生一个特殊类型的铅原子，作为原来存在的记录。这种由镭向铅的转换速度一定是匀速的、规则的，完全可以在实验室中被测出来。因此，我们要想了解这个表针有多长时间，或者想知道这块表有多少年，只要我们能测量出表针上有多少镭、多少铅就可以了。

用类似这样的方法我们可以来测定地壳岩石的年龄。

云母和电气石这类矿物的薄片在显微镜下会呈现出“彩晕”，出现多个同心圆。在这些彩晕的中心一直有一个微小的、放射性物质的斑，像镭一样在进行规律有序的衰变，只是更慢一点罢了。这种物质可能是铀，也可能是钍，也可能是两者的混合物。这些放射性物质在衰变过程中产生了五光十色的圆环。在试验室中，可以人工制造出相似的彩晕，这样就能很容易地弄清楚它们的构成模式。时间过长会使彩晕的颜色变深。所以通过观察岩石中彩晕的总体颜色，人们就能估算出岩石的年龄。

但是，含有大量铀和钍的岩石根本没有彩晕。在这种情况下，利用化学分析的方法我们可以准确地知道岩石分解到什么程度，根据这点我们还能计算出岩石的年龄，就像我们通过夜光表针来估计表的年龄一样。例如，用这种方法能够测定出加拿大东部很丰富的花岗岩的年龄，经过分析测定，大家得出一致的看法，认为这种岩石是12.3亿年前构造的。有的岩石年龄更早，但不会早很多。用这种方法得出的结论可以说是相当精准的了。

看来花岗岩为我们翻开了地球这部史书中最古老的一页，我们已经清楚地知道了它的成书日期了。在这一页上我们还了解到，在12.3亿年前地球就有了固体地壳，上面有纵横交错的河流不停地流淌，河水经年累月地冲洗，把地面上的泥沙带到大海。再深层的地层显示的是地球冷却、固化的全过程，它的成形年代还没有办法确定。地球早期发展的过程到底延续了多久还说不清楚，但

图 11　天然花岗岩

可以肯定有好几百万年。因此，我们估算地球的年龄不会小于 15 亿年。

假设地球的年龄比这个数字大出许多，那么地球上的放射性物质早就衰竭了，放射现象是怎样一回事我们就更无从了解了，这就像未来世界的高级“生物’（假如那时有什么生物的话）不知道放射为何物一样。不过，这将是万亿年之后的事。除非放射性物质能够再生，而现在我们对此却一点也不知晓。更为详细的研究表明，地球的年龄不太可能大于 34 亿年，或许比这个数字小。有人估算地球的年龄应当在 15 亿年与 34 亿年之间，较为可靠一点应当是人类历史的 10 万倍以上，是基督教时代的 100 万倍以上，也就是 20 亿年前后。我们想象不出这个数字到底意味着什么，但我们可以把“百万”这个数字假想成一本大厚书里的字母。比如说一本书有 500 页，每页 330 个词，平均每个词 6 个字母。假如我们用这本书来代表地球的年龄，那么最后一个词就能代表开始有了人类的历史，但基督教时代却连最后一个字母都用不上。就在这最后一个字母的时空里，有罗马帝国的发展史、基督教在世界各地的传播情况、欧洲西部、广大地区脱离恺撒的野蛮统治纷纷建国成立了当今这些国家……60 代人在这段时间繁衍生息。那么你我这一辈子看似很长，但在历史长河中仅仅是眨眼间就消逝了，在这部历史大书中不过是字母“i”上面的一个小点罢了。

地球生命的衍生

在我们读完这部百万字的巨著后，如果还要继续往下看，那我们透过这部历史书看到的就是地壳及其内部的每层了（前面讲的是地壳上面的沉积层）。地球内部各层的岩石和泥土就如同这部书的书页一样，时间久了很多书页就会被揉皱、撕破，但是，整个布局仍很有秩序，而且有的层面也确定了构成时间。亲爱的朋友，现在我们如果把破碎的书页一一理顺摆平，开始翻阅这部有关地球的庞大的历史巨著的每一个篇章，能看到什么呢？

20亿年前，在这数亿年的地质构造中，地球开始冷却、逐渐安定下来，但一直没有任何生命足迹的出现。一页又一页中，我们只看到地质活动的状况，一直往后翻，翻到12.3亿年这一页，我们才看到含碳的地层。这为地质学家们的假设提供了有力的证据：海洋中开始出现了某种最简单、最低级的生命形式，地球上已经有了生命的形式。我们不断往下翻，看到的是稳定的沉积层因为大地震、地壳升降而长生的一些地质变化。当我们翻到10亿至5亿年前，才看到生物残骸的化石，但只不过都是岩石里夹杂的一些斑痕罢了。地质学家们发现，这些斑痕是生命的遗骸，应该是生命的最原始形式。然后再继续往下翻看，翻到5亿至4亿年这一页时，出现了复杂多样的生命形式和比较丰富的生命种类了，比如有蚯蚓化石、水母化石和其他一些器官不完整的低级动物的化石，跟现在的同类动物相差无几。

图12　真形星口水母化石

岁月流转，时光飞逝，数百万年的时光转眼即逝，最动人的一页画面终于呈现在我们眼前，这里的植物化石看上去跟今天的植物特别像，从表面上看，它们好像属于植物，其实却不是，因为它们在海底生活，更像海葵或海星。但是，此后没多长时间，生命开始踏入陆地，第一批类似青草和蕨类的植物化石在陆地出现。随着陆地植物一天天增多，我们看到了地球渐渐呈现出当前的面貌。无数的草根固定住流沙，使之成为稳定坚实的土壤。就在这时，以草为食的动物和以这些草食动物为食的一些肉食动物也出现了。世界的初期被大型爬行动物控制着，比较具有代表性的动物就是一种巨大的肉食性蜥蜴——巨型异齿龙，在2.5亿年前可能生活在当今的北美地区。

像蚯蚓、水母和海绵这些原始的生命形式开始也出现了，它们的形态与今天的同类没有太大的区别；但是较为复杂的生命形式是要经历漫长的演变历程的。我们翻阅的手和眼不要停下来，随着我们继续地翻看，就看到了被物理宇宙论者说过的大约2亿年以前的章目，也就是被地质学家们称为的“二叠纪”和“三叠纪”。在这里，我们看到连绵起伏、高高耸起的山脉从根本上改变了地球的面貌。在北半球，如现在的太平洋和印度洋的许多海洋，在那时却是一片陆地，只有大西洋那时也是一片无际的汪洋大海。在南半球，海中升起了一片巨大的大陆，地质学家们把它叫做冈瓦纳大陆，西边连接当今的南美洲东部，直到现在的非洲、澳大利亚。岩石中的一个小凹坑中的鱼化石在地质学家们的探测下展现在我们面前，那些鱼像罐头中的沙丁鱼一样紧紧地拥抱在一起。为什么这些鱼会呈现出这样的状态呢？在死前的最后一刻它们仍然挤在一块就是为了能够获得那仅存的点滴的水。由于海洋太小，蒸发出来的水分太少，因而雨量就自然而然地减少，结果绝大部分的大陆就变成了沙漠，尤其是在现在北欧的位置上我们看到海洋已经变成了小湖。干旱日益严重，导致盐湖的浓度越来越大，最后完全形成了盐矿。在彻夏和斯坦福德哀地区都有这种盐矿。

很长一段时间的大干旱时期终于过去了，但是在前边我们遇到过的许多生命形式可能因为环境的恶劣而未能在后来的历史篇目中再现。也许它们都灭绝了，只有那些能经得起新环境考验的生物才得以存活下来。例如巨头螈，丑陋的甲胄侍卫，是一种有体魄、坚强不屈的丑陋的爬行动物。它历经了大干旱时期的历练，海洋干枯后它在陆地上找到了自己存活的空间。

翻阅地球巨著的下一页——侏罗纪，大概在1.5亿至1亿年前。从这一页我们得知地球上出现了许多的海陆变迁。肆虐的海水淹没了很多沙漠，很多地方不再干旱而是湿润了好多，给生命的诞生、成长提供了较好的环境。大干旱时期存活下来的爬行动物抓住机会迅速繁衍，在很短的时间里就从海洋蔓延到陆地，又从陆地进入天空。在这个时期我们第一次见到长翅膀的爬行动物化石。这是一种凶恶丑陋的鸟，有的长牙齿，还有的有喙而无齿，样子可怕难看。

这个时期是变乱的时代，很多动物都因为不能适应这种突如其来的巨大变化而被时代淘汰。例如恐龙在这场生存斗争中就成为了最终的失败者，虽然它们都在地球上生活了很长一段时期，但最终在残酷的生存竞争中它们还是大批绝迹了。在1亿到0.8亿年前，现在的北美地区生活过的三角龙、棘龙、翼手龙、梁龙这4种恐龙，后来都灭绝了。

在这一类恐龙中，三角龙是具有自卫构造的动物的典型代表。它有三只角，每一只都有几英尺长。当它遭到攻击时，它只能背靠屏障，立起后腿，好让进攻者撞到它的角上。三角龙体形非常庞大，长25英尺、高9英尺。它也是爬行动物的一种，雌性三角龙能产出巨卵。

棘龙也属于爬行动物的一种，它的体态很笨重，行动特别迟缓。它最具进攻性的武器就是它的大尾巴。当有异常情况发生时，最有效的自卫做法就是平躺在地面上猛摇猛甩它的尾巴，它的尾巴上长着很多骨质的刺，就像十字军士兵使用的具有长钉的狼牙棒。在这个时期，不管是进攻武器还是防御武器，都是比较原始简单的，那些动物也谈不上有什么智慧。虽然三角龙的头颅有6英尺长，但是其大脑可能只相当于一只小猫咪的大脑。

翼手龙也是一种爬行动物，它像一只巨大的鸟一样。羽翼展开大约长18英尺。看上去庞然大物，实际上却软弱无力。虽然拥有一对大翅膀，可是并不能使笨拙的身子升空，更不善飞翔。它的腿也很弱小，不能支撑笨重的身子在陆地上自由地行走，跑就更不是它的强项了。一对巨大的翅膀导致它在地上蹲着都做不到，因为大翅膀的肘总足妨碍它蹲下来。看来它也就只能出没在峭壁顶上、大岩石尖上。科学家们假想，它只能夜以继日地用尽全身力气往悬崖峭壁上爬，最终纵身跳下，就像滑翔机似的在空中盘旋，奔向自己的猎物。随后又是一轮艰难的跋涉。面对这种动物，也许我们会心生怜悯、同情，它的一生就像一个练习滑雪的运动员，在没有缆索的滑翔场不停地攀登又攀登，但它的这种百折不挠、坚持不懈的精神也很令人佩服。

梁龙是迄今为止在地球上发现的最大的动物，高大约有30英尺、长90英尺;体重相当于大象的全家——象爸爸、象妈妈连同一窝孩子，或许还得加上几个叔叔、姑姑，体重肯定在40吨至50吨之间。由于它身体庞大无比，体态又特别重，导致它的四肢几乎支撑不了它的身体。也许只有在沼泽地带它才能生活得更好一些，于是它的长脖子就有了用处。在水中它可以借助水的浮力来帮助它支撑起庞大的身体，这样它就能活得轻松一些。

妖龙也叫做爬行鲸，它是另一种巨大的、更丑陋的爬行动物。它生活在大西洋这一带，在英国的许多采石场上经常能发现它的头骨。它大约有60英尺长，就跟生活在美洲的梁龙差不多，为了生活得轻松些，最好选择在水中，因为水能减少体重给腿造成的压力。不难想象，它们生活得很艰难，很辛苦。但我们

图13　梁龙是地球迄今为止发现的最大动物

可不要急着嘲笑它们啊。如果我们到了木星和土星上，我们就会发现自己也会在这样痛苦的处境中，感觉双腿无法支撑自己的体重，说不定也要想一些好办法，才能避免因自己的身体过重而倒下来呢。

所以，在木星和土星那样的环境中，我们人类无法适应，更谈不上在那里生存了。那些庞然大物在这长期严酷的生存斗争中，不能适应地球上环境的巨大变化而最终被历史淹没，让位给体形更为小巧、活动起来更为敏捷灵活的哺乳动物和人类，它们依赖的是活动能力和聪明智慧，而不是靠全身笨重的盔甲或庞大的身体和体重。这些巨大的爬行动物逐渐退出历史舞台，在生存斗争中走向灭亡。当今不穿盔甲的士兵取代了中世纪的披坚执锐的士兵，作战更轻便灵活的坦克和鱼雷快艇代替了原始的城堡和战船，飞机也取代了飞艇等等，原因如出一辙。

大型爬行动物走下舞台后，哺乳动物就登上了历史的纷繁多彩的大舞台。这个时期的动物大体上和现在的动物没有太大差别。重脚兽在 2500 万年前生活在现在的埃及一带。它的体型跟前一个时代的庞然大物相比要小巧多了，但是还有普通的犀牛那么大或小象那么大。吉卜林先生有一篇童话故事《原来如此的故事》讲述了这样一个故事，故事中的小象对自然历史特别好奇，特别好问，不是问这就问那。小象家族的成员特别不喜欢老被问“鳄鱼吃什么”之类的问题。有一天，小象遇到正在沼泽中晒太阳的鳄鱼。它就问鳄鱼这个问题，鳄鱼说：“你低下头来，我偷偷告诉你。”于是小象就低头靠近鳄鱼，可是鳄鱼毫不留情地使劲咬住它的鼻子，说：“小象，今天……”它死死地咬住不放，使劲拉呀，扯呀，最后把鼻子拉长了，今天我们所看到的象的长鼻子就是这样得来的。重脚兽看上去很像小象，或许处于往象的形态发展的过程中。它脸上突出来的部分看似鼻子，其实是两个尖锐的骨质角，正好长在鼻子上方。它的眼睛上方长着两个突出物，看起来就是很凶猛、很怪异的动物。

还有一种动物叫剑齿虎，它体型更小，但更为凶猛。大约在 1000 万年到 100 万年前生活在当今的欧亚大陆。体形似现在的狮子、老虎，但是长着两颗特别细长可怕的牙齿，前面的牙非常锋利，后面呈锯齿状。不管是闭嘴还是吃东西，

图 14 剑齿虎

这些牙一定碍事。人们肯定会有这样的疑问：这种动物会不会饿死呢？

大约在 100 万年前，大地懒生活在当今的南美洲。这个巨大的动物不凶猛。在一个山洞中同时发现了大地懒和人类的骨头化石，可以想象得出它很可能是人类捕捉的对象，甚至是人类家养的动物。

这种庞大的地懒在地球上已经绝种，只有人类存活下来成为我们独一的祖先。在这最后的 100 万年间的某个时期，一种哺乳动物类人猿进化成人类。一个人的一生与 100 万年根本不能相提并论，因为 100 万年对地球的全部历史来说，也只不过是弹指一挥间，眨眼即逝。图 15 画出了地球发展的各个时期的时间比例。从出现了人类祖先至今的 100 万年，在这表中连最细的线的位置都占不到。

然而，即使在这 100 万年里，人类和他们捕食的其他动物没有太大的差别，很长一段时间都过着不开化的生活。在人类发展的最后这几十万年中，我们才观察到穴居野人像动物一样喊叫着跟别的动物拼杀、搏斗。到最后 10 万年前，最初的人类才有了语言方面的能力。他们起初不但能设想、打算，而且还能跟同类交流想法、交换设想。这就成为了他们能够战胜其他动物的得天独厚的优势，从此人类开始了突飞猛进的大跨步的进程。进步的程度简直可以用飞速来形容，不是以百万年计了，而是以千年，进而以百年计。到现代社会更是今非昔比。

人类在近来这 50 年中的发展变化是爬行动物从侏罗纪到二叠纪这 5000 万年间的变化所不能比的。

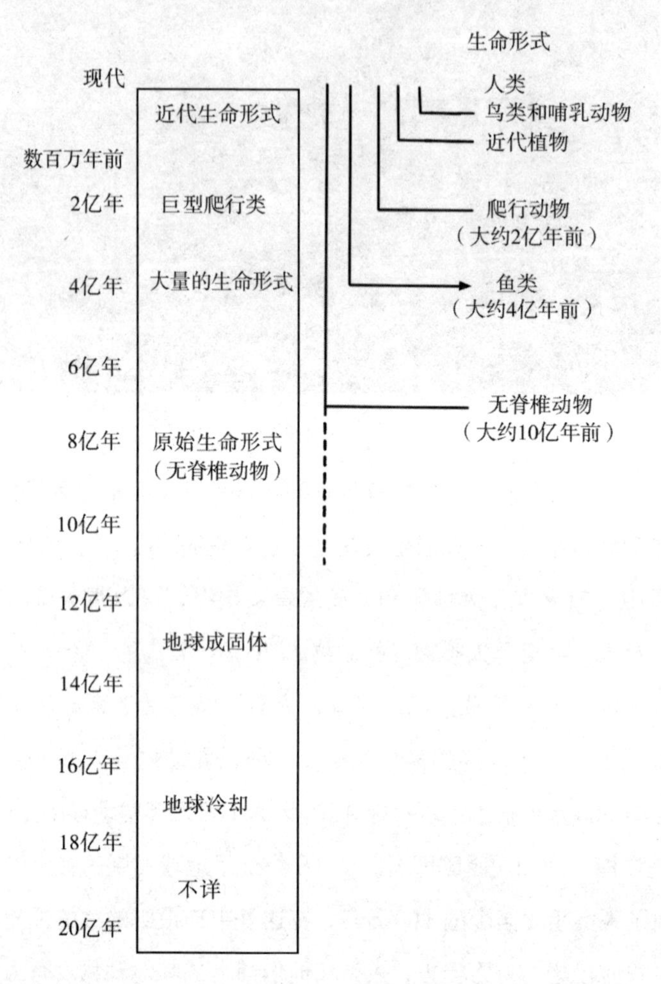

图 15　地球历史的各主要时期和重大事件

第二章

大自然对人类的恩赐——大气

地球上物种多样，气象万千，五彩斑斓，充满生机，是生命的孕育和成长的好地方。这些都是大气层赋予它的宝贵财富。没有大气，天空将暗淡无光，各种外来危险无情地侵害地球……

我们头顶上的空气

智慧的我们对地球的研究可以说已经达到至深的地步。现在，我们离开这片我们熟悉的土地，踏入太空，让我们看看大气到底是怎样的一个状况。

也许大家都清楚将会看到什么景象：我们会看到白昼的灿烂的太阳、蔚蓝广阔的天空，可能还有空中飘荡的朵朵白云；还会看到夜晚的满天闪亮的繁星，有时还会看到一轮高悬的明月或其他的星星。这些景象为什么能在我们眼前清晰地展现呢？那是因为它们的光能穿越地球大气层传递给我们，使我们看得很清楚，因为大气层是透明的，它能让光线顺利地通过，没有任何阻碍。

也许因为我们每一天都不费吹灰之力就能沐浴在阳光之下，享受着美好的星光之美，所以我们对这一切都司空见惯了，认为这一切都是正常的，理所应当是这样的；也许我们觉得空气这物质本身就太稀薄、太微不足道，它怎么可能阻挡得了光线的传递。朋友，你知道地球上有多少空气吗？你只需细心地观察一下我们平常的家用的气压表，就可以知道了。当我们看到气压表的指针指向“30”时，说明我们头上的空气等于30英寸厚的水银，同时也相当于36英寸厚的铅，因为相同体积的水银比铅要重，其重量比为6 ：5。为了让大家更好地理解这个问题，我们不妨假设自己身上盖着144条铅毯子，每一条都有$\frac{1}{4}$英寸厚。我们根本无法看透144层铅毯子，因此能看透与其相当的大气足以让我们感到吃惊和无比幸福。

在地球上，我们能享受这种美好的确是幸福的，在其他星球上就没有这样的好运了。当我们从地球上观看其他行星时，不透明的大气会把它们中的大部分都覆盖了，导致我们根本就看不到它们的表面。也就是说，如果我们在这些行星上，就不可能透过它的大气层观看到这些星球上空的无数星斗。

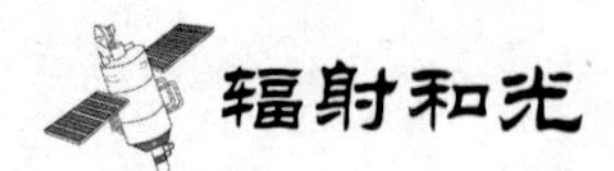

辐射和光

现在我们可以仔细地探讨一下光的透明与不透明的关系。我们清楚，光是一种波，而波分长波和短波。我们打个比方吧，比如海浪，有长达数百英尺宽的巨浪，能推动最大的舰船前行；也有几英寸长的小浪花，对大船的行驶毫无影响，仅仅能摇动一叶轻舟，甚至对轻舟也没有任何明显的作用力，只不过使水中很轻的小物件如软木塞、海藻等轻轻漂动。光波跟这个是一样的，有长波，有短波。不同波长的光以各种的方式对物体发生不同的作用。

太阳发出的光是一种混合光，几乎包含各种波长。那有些朋友就会有这样的问题了吧，我们怎么看不到它不同的波长呢？有些波长的光的量极其微小，我们的眼睛既看不到太阳发出的不多的那几种波长的光，也看不到量很大的那几种波长的光。这是因为大气层阻止这些光进入。如果这些光透过大气层大量地到达地球，就可能把地球毁灭，我们就会被烤黄、烧焦变黑，立即就命归黄泉，一命呜呼了。然而幸运的是，那些能威胁到我们生命的光我们的眼睛永远也见不到。一般情况下，我们的眼睛只能看到许多到达地球的那种波长的光，就是形成白天黑夜的那种波长的光。

这也不足为怪。我们是几百万代之前那些祖先的后裔。他们的每一个器官，包括他们的眼睛，都是几亿年来环境造就的最好产物，已经能够完全适应目前所生活的环境了。因此，无论是动物还是人类身上，我们很少能够发现没有功能的器官。假设某一器官没有用了，最后也就慢慢退化、消失了。否则，有那种器官的动物因为无法适应环境而消失，就像我们在第一章所谈到的那些身形巨大无比的爬行动物一样。如果长着一双能看到根本不能到达地球的光的眼睛，对动物、对人类来说没有任何用途，反而可能成为负担。也许百万年前真的有人长有这样的眼睛，但是生存的压力导致他们早已在地球上销声匿迹了。

人类的身体历经了数百万年风雨的打磨与锻造，我们的肺和血液以及皮肤都已经适应了大气。比如黑色皮肤适合热带气候，白色皮肤适合温带气候等等。因此，我们的眼睛已经适应了白昼的光。我们的眼睛能够正好适应大量到达地球的那几种光，也是经历了很长时间的发展。当生活在地球上的我们到达木星时，我们不可能透过大气看到天空中的云。但是，如果人类在木星上生活了几千年，几万年，人类的眼睛就有可能习惯某些透过木星云层的特别波长的光，也会像今天的我们能够清晰地看到蓝天白云繁星一样。他们会因为自己生活在木星上能享受到那份清澈美丽而感到自豪，从而怜悯那些生活在其他星球上的居民，会为他们被那里的不透明大气所覆盖而觉得惋惜、哀痛。

我们都明白光是通过辐射的方式来到地球的，因此详细了解不同的光和不同的辐射的特性对我们来说是很重要的。在阳光下，我们仔细观察彩虹或带着露水的青草，你会发现有一道彩色的光。但是，当太阳落山或被云朵挡住时，那彩虹和露珠上的光彩也随之消失了。这就说明这种光是来自太阳的。但是，这种光并不是直接射到我们的眼睛，而是从不同的方向折射过来的，比如通过那些细微的雨滴，微小的水珠反射过来的。当光射入水珠，又从水珠中反射出来，就分散成各种不同的颜色，我们所看到的虹就是由这样的原理形成的。这种现象在日常生活中我们常能看到。我们还可以用特殊的仪器——光谱仪来分解光。

太阳光通过上述方式分散后变成了各种颜色的光，形成一条彩带，一端是红色，另一端是紫色。这条彩色的光带我们称之为“光谱”。在红、紫两种颜色之间还有其他色彩。太阳光的一条完整的彩带是由红、橙、黄、绿、青、蓝、紫组成的。如果我们分散另一种光，就会得到另外一种光谱，然而，无论是哪一种光，光谱中的色彩顺序同上述次序完全相同，这是因为光的波长决定了光的色彩，而光谱中颜色排列的顺序都是按波长的顺序决定的。

如果我们用衍射光栅这种仪器来解析光，就能得到一个单纯的证据。这种仪器就是块金属板，用钻石或其他比较锋利坚硬的东西在板上刻画出数千道等距离的平行线条。当光照在金属板上时，那些小线条就能分辨出不同波长的波，并向不同的方向照射，就像土豆筛子按土豆大小筛选土豆一样。那连续的划痕之间的距离相当于筛子眼，我们可以根据光波被反射的方向计算出波的波长。这种方式把光分解后，同样构成一个光谱，颜色的次序跟我们上文提到的顺序完全相同。现在可以非常清楚地了解到，光的不同波长形成了光的不同颜色。在光谱中，光的波长顺序决定它色彩的顺序。准确的测量数据显示，红光的波长最长，每英寸有 3.3 万个波形。橙、黄、绿等颜色的波长依次变短，最后看到紫光的波长最短，每英寸 6.6 万个波形。

声音也跟光一样也是波，当然它与光波有很大不同。声音的波长要比光的波长得多，是 100 多万倍，需要借助大气来传播。光波的波长不同能形成不同的色彩，同样的道理，不同波长的声音就会构成不同的音高。比如钢琴上的中音部 c 的波长是 4 英尺，而最高音部的 C 的波长是 2 英尺。当一个声音的波长是另一个音的波长的一半时，我们说这个音比另一个音高 8 度。所以，当紫光的波长是红光波长的一半时，我们说紫光是红光的高 8 度光。实际上，如果我们可以把光谱上的 7 种色光看成是 7 个音符：红色——C 音，橙色——D 音，黄色——E 音，绿色——F 音等等；我们能够觉察到，大部分的可见光都是在一个 8 度音程（1 个倍频程）范围内。我们的耳朵可以听到 11 个 8 度音程的声响，然而我们的眼睛却只能看到 1 个倍频程的光。

我们已经发现，太阳发出的光远远大于我们的眼睛所能看到的 1 个倍频程的光。在我们能看见的最深的光之外，还有许多波长更短的光我们看不到，一般我们把这些光叫做“紫外辐射”，或者“紫外光”、“紫外线”。我们的眼睛看不到这种光，就如同水中细小的波纹对舰船不能产生作用一样，它们的波太短。那么，这种波长很短的光就对我们人类无用吗？当然不是，这种光能对摄影底片的效果产生非常大的作用，底片上的感光材料能够明显地感知到这种紫外光。假设我们的瞳孔是用跟底片上的感光材料相类似的材料组成，那么我们的眼睛也能看到紫外线。

波长太短的光，我们的眼睛看不到。那么同样的道理，波长更长的光，我们也看不到。例如在光谱的红光一端以外，就有许多我们的眼睛看不到的光。这些光的波长都比红光的波长还要长，我们把它们叫做红外线。比如我们拿一块铁在铁匠的炉火中加热，它起初发出的是暗红色的光，然后随着温度的增加，光的颜色会发生变化。变化的次序依次是明亮的红光、橙色光、黄色光等。加热后使铁的温度升高而发光，并且温度越高，发出的光的波长就越短。通过这种现象我们得知，当一个物体被慢慢加热后，它发出的光的波长在光谱上越来越短。一个物体直到它发出的光进入了光谱中的可见光时，我们才能看清该物体自身的光，在此时间之前，它发出的光是光谱上红色之外的红外光。我们的眼睛对这种光不是很敏感，但皮肤对这种辐射更为灵敏。如果我们把手挨近加热后的铁块，还没等我们看见它发光，就会感到它的热度在炙烤着我们，甚至有些发烫的刺痛感。这表明红外辐射的最主要的特点是发热，而不是发出可见光。平常的摄影胶片既不受红外光的影响，也不受红光的刺激，所以在暗室中感光胶片不会受到伤害，我们可以使用红光。假设组成我们的瞳孔的材料跟胶片的材料差不多，那么我们的眼睛也就只能看到蓝光、紫光以及我们现在的眼睛所看不到的紫外光，对红光，黄光或绿光就无缘了。

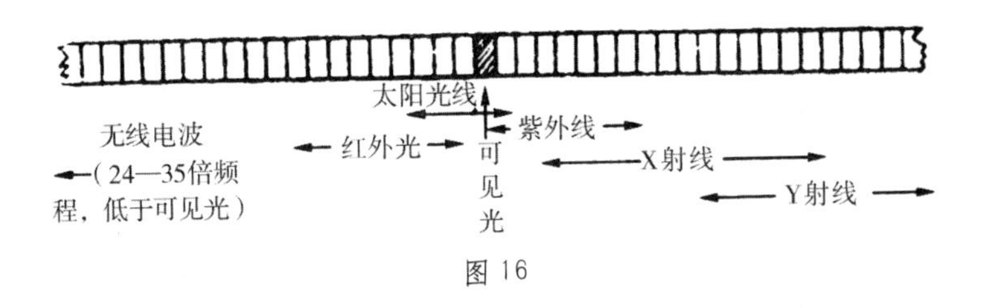

图 16

虽然我们的眼睛只能看到 1 个倍频程的光，但是科学家们发现了能查看 64 个倍频程的光的办法。我们可以把它们的发光范围比作一个有 64 个 8 度音的巨大钢琴，在这个钢琴上我们只能听到可见光那个频程的音，而其余的声音都听不到（见图 16)。这个音程上一个音高就是紫外光。这种光对摄影胶片能起到很大的作用，还能使某些化学物体发出荧光，这让我们明白了这种光的再现。这种现象说明，当这些物质受到紫外线照射时，它们发出可见光——好像是这些物质获得了一种能量，扩大了可见光的程度。然后在可见光部分往上的10多个倍频程内出现了X射线。在X光下，密度较小的物体比密度大的物质更加清晰透明。所以，当用X射线照射一堆混合物质时，密度大的物质就会在密度小的物质上留下较深的黑影。医学方面正是利用这一特性，用X光来察看骨折等方面的病症，

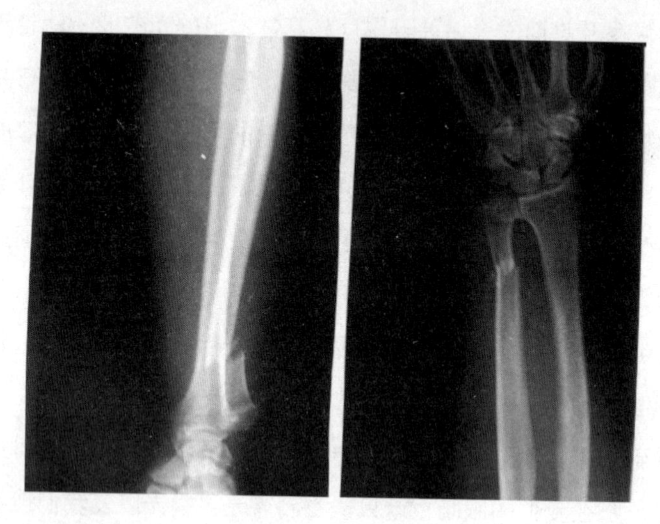

图17 X射线照射

还用来探测被现代画覆盖住了的古画。

再往上的特高音区出现了由镭放射出来的射线。终于，在可见光倍频程以上第32倍频程看见了某些宇宙射线的部分。这种射线的穿透力很强，它能穿透好几英尺厚的铅。

在图16发光范围中，每一个部分都表示光的一个倍频程，其两旁都是不可见光，只有中间的阴影部分是可见光。

在一端的低音程区首先发现了我们谈过的红外光。大概在第3个倍频程上有一块热铁块发出的热，在第4个倍频程上有沸腾的水壶辐射出的热。现在有种特别的感光胶片是由对红外线灵敏的材料制成的，这样就可以拍摄在这种光下的物体。但这些东西在我们肉眼的世界里就是一片灰暗。从可见光往下大约在第30倍频程，这里的光波波长是可见光波长的10多亿倍。广播的无线电波

利用的就是这种波，它的作用很大。黄光的波长大概只有四万分之一英寸，我们需要把收音机调到 1500 米或 342.1 米的波长才能够听到无线电广播的声音。除了把波长扩展了几十亿倍之外，无线电波也具有光波的许多功能。如果用一个发射台上的平行的导线处理无线电波，就跟衍射光栅处理可见光波几乎完全相同。如果一种色彩的光照在衍射光栅上，我们会发现这种光只向一个方向发射的光束。这个方向取决于光的波长。同样的原理，如果只有一种波长的无线电波通过发射台的天线发射出去，它们就会以一束电波的形式朝着单一的方向发送到印度、日本，不同的波长决定我们发射到哪里，使用不同的波长就能够发射到任何我们想发射到的地方。

认识大气层

我们已经对辐射和光的基本特征有了一个初步的了解，下面我们一起来研究一下传播它们的媒介——大气层。我们当中的大多数人也许都把大气层想得很简单，认为它只不过是地球天空中一层普通的气体而已，但是科学研究证实，大气具有非常复杂的结构。做个这样简单易懂的比方，我们就可以大体知道了大气结构的概念，如同认识地球一样，我们把大气层也看成许多层，一层裹一层，地球被最里面的一层大气包裹着。

对流层

包裹着地球的第一层大气叫“对流层”。它是多变的一层，在不同时间、不同地点深度都各不相同，大概在 5 英里到 10 英里之间，平均厚度约 7 英里。虽然这在整个大气层中是不值得一提的很微小的一部分，却含有空气的大约 90%。这是由于越低层，大气的密度就越大，空气也越多，压力也越强，而高处则不是这样。在这一层中经常有风和风暴的运动，所以，叫它为“对流层”。

其外层则是风平浪静，不刮风更谈不上有暴风了，几乎绝对平静，因为它们达不到那样的高度，因此我们把它叫做“平流层”。

大气是由多种气体组成的，它们的重量不一，有的气体较轻，有的气体较重。如果有充分的时间让大气静止下来，较轻的气体会渐渐向上移动，就像奶油逐渐漂流在牛奶表层那样。其实大气层从来就没有一次安静过几天以上。我们都知道，地球的不停自转导致季风、风暴以及其他形形色色的风的形成。这样看来，大气层更像是奶油搅拌器，而绝不是盆中平静的牛奶。这种一刻不停的搅拌，充分融合了对流层中的空气，使各地的空气组成都是相同的。对流层中的空气中氮气与氧气含量的比率是 4 ：1，其他气体的含量要小得多。其他气体中的重要成分是水蒸气。可别小看了这些水蒸气，它具有特别的作用。在对流层的不同气体中，只有水蒸气能凝结成水珠，然后形成雨或雪落在地球上。所以，当我们漫步在细雨中或是享受雪后的白色浪漫时，可千万别忘记了这些都是水蒸气的功劳啊。我们都见过喷水，但是从来没见过喷氧、喷氮或喷氦。当空气被风搅起来上下翻滚时，水蒸气往往凝聚成水滴，所以人们经常看到风后就下雨。通过以上的论述我们知道，不停地搅动使空气在对流层中均匀地融合起来，但是水蒸气是一个例外，空气的翻滚反倒使它降到最低点，落在地球表面。之后，落下的雨水又要蒸发，逐渐上升，并贮存在大气中。但还没等它上升得很高，它又被另一场风吹下来，形成雨雪，落在地球上。其实水蒸气在大气中并没有均匀地扩散开，而是局限在大气中最低的高度上。事实上，在水平线周围，空气中水蒸气的含量有$\frac{1}{80}$；但是在对流层的顶部，这个比例要小得多，是$\frac{1}{10000}$。事实上，大气层中全部的水蒸气都存在于对流层，被风吹动、搅拌之后将形成雨、雪或雾。在几百英尺到一英里或更高一点的空中通常出现一些平常的雨云，而我们看到的好天气的高空的云或所说的卷云或卷层云则通常出现在 5 英里到 6 英里高的高空。在对流层以上，没有任何云的踪迹。

大气层中空气不断地上下翻滚造成了一种非常有趣、非常重要的结果。当我们给某种气体施加压力时，它不仅体积减小，而且温度还上升，这跟我们给轮胎打气的道理是一样的。如果给空气减压则会使其降温。从压缩气体罐中散发出来的气体是凉的，有的甚至会结冰，成为霜雪，灭火器就采用了这种原理。当对流层的风或风暴把空气吹向高空时，空气受到的压力减少，温度就会降低，就像从气筒里冲出来的气一样。如果上面说到的那股空气又被风或风暴卷下来，它受到的压力就会增大，温度也随之提高，就像打进轮胎里的气体那样。因此，在对流层中，上层的温度总比下层的低。这种现象我们在日常生活中能亲身感觉到。比如我们登山或乘飞机升空时，我们会发觉越来越冷，空气越来越凉；当我们来到山谷的底部或走进煤矿的巷道时，就不会有冰冷的感觉，空气的温度就会上升一些。

假如大气只是一团混合的空气，我们会发现每升高 1 英里，气温就会降下 29 华氏度（约 16 摄氏度）。但是还有许多其他因素，比如地球温度、太阳的光照和地球表面的不同高度等都要计算进去。随着高度的上升，温度的下降是相当有规律的，用气球作的观察可以准确地说明这一点，高度每上升 1 英里，温度就下降大约 17 华氏度。当海平面的温度是 60 华氏度时，在 7 英里高的空中，温度将是 −60 华氏度左右。这靠近史料所述的地球表面最低温度 −94 华氏度。在西伯利亚的沃克堆恩斯托克测试出了这个温度。

平流层

早期的科学家们曾做过这样的设想，任何人只要在空中升得更高一些，都会发觉空气越来越冷；直到最后，空气极为稀薄，甚至没有什么气温。1898 年，人们在巴黎周围放出了很多气球来探测极高的空中的温度。这一试验推翻了前边科学家们的假设。试验显示，升到 7 英里至 10 英里高度后，温度几乎保持恒定不变，有时甚至会略有上升。通过我们现在的研究知道，有的气球已经升到对流层之外，进入了特别平静的平流层，因为这里没有任何的风或风暴对空气加压并使温度上升，或将空气减压而使温度升高，所以温度保持着恒温。

那平流层到底有多高呢？当我们设法测量平流层的高度时，所遇到的困难跟探索地球深度所遇到的困难一样。探索地球的最轻而易举的办法就是打洞，要么是科学工作者亲自下去搜集标本，要么是用仪器在地下取得样品。但是，用这种方式进入地下的深度毕竟有限，只能借助于波再往深处探寻了。同样的道理，要想寻求平流层，要么我们乘坐气球升空采样，要么用气球采集，这两种方法都是最普通平常的，但是都不大可能升得很快。到目前为止（编者注：此指作者写书的时期），人们升空还没有高出 13.7 英里。这是 1934 年 1 月从莫斯科升空的气球所升到的最高点，但是乘员却没能活着返陆。在帕多瓦放出的没有乘员的气球所达到的最高高度是 23 英里。在目前的形势下，也只能借助波才可能达到比这个高度更高的高度。在观测地球时，只能使用地震波；但是，在观测平流层时，可以使用三种不同的波，分别是光波、声波和无线电波。这三种波都能通过平流层，而且可以使它们传递某些信息，就如同在气球上安装各种自动控制仪器一样。

臭氧层

太阳和其他星星发出的光是可以通过平流层的光。在它们来到地球的过程中通过大气层时某些光消失了，许多失去的光是光谱仪上属于紫外线的那些波长的光，而且这些紫外线正是那些不能通过臭氧层的光线。于是我们会很容易就得出这样的结果：臭氧层阻止了紫外线到达地球。臭氧是一种非常重的氧气，一个分子中有三个氧原子，而不是一般的两个。人们一般认为臭氧的最大作用是使海边的度假者精神抖擞，使苍白的面貌重新焕发光彩，使人显得健康等等。但臭氧在科学上有什么作用，目前还没有什么确凿的论据。通过化学研究显示，较多的臭氧的确存在于海滨胜地、海上和陆地上。

科学家发现，太阳在天空方位的不同影响着到达地球的紫外线的量的变化。我们也许可以通过两者之间清楚的关系估计出吸收紫外线的臭氧层的位置。牛津大学的道布森教授及其他科学家最新调查结果表明，25 英里外的高空存在很多臭氧层，而在大约为 15 英里的高空臭氧的总量就特别少了，总重量可能相当于一层 $\frac{1}{1000}$ 英寸厚的最薄的纸的重量。紫外线通过数英里厚的普通空气后并没有明显的减少，但是，却被那薄薄的一层臭氧阻挡住了到达地球的脚步。那么，在一定意义上说，我们的大气层对所有的光都是光亮的。这对我们来说是一种幸福，否则另一种相反的大气就把我们给淹没、吞噬了。大气中的不同成分有效地阻挡太阳光中的特定部分，将像臭氧阻挡紫外线一样，从而使太阳光或其他的光，被阻挡在这种大气层之外。

臭氧并不是把全部紫外线都吞没了，紫外线并不是完全有害的，一定量的紫外线对人们还是有益的。据说对矿工或长期在地下工作很少接受阳光照射的人来说，适当地接触一下人工紫外线的照射，会使他们的健康状况更好。营养不良的儿童只要使皮肤接受一定量的紫外线照射，就可以产生身体所必需的维生素 D，对于他们的康复有很大帮助。但对于紫外线的利用要把握好度，如果紫外线照射过度反倒会比不接受紫外线更为有害，我们也听说过因为接受过量紫外线致死的情况。

臭氧层掌控着我们接受太阳紫外线的量，可以说是把握得恰到好处。当我们行走在其他行星上时，我们会发现那里的紫外线透过大气层的量要么太多，要么太少，对我们的健康都无益。地球的大气层为什么就能把紫外线的量把握得这么好呢？应该也是历练的结果吧。数百万代的时代变迁，适者生存的残酷竞争，我们现在的身体刚好习惯了地球大气层为我们供给的紫外线的量。假如人类及其祖先在其他行星上也生活上几百万代，那时我们也许会发现地球上紫外线的量是人们无法接受的，会对人体造成伤害的。

电离层

太阳和其他星星发出的无数波长不同的光，只是有些波长的光在到达地球前就已经没有了，特别是光谱中的红光和红外光两部分。我们可以通过氧气、水蒸气和二氧化碳测知这些消失的光波。在我们对大气层组成的研究中它们没有为我们提供什么新线索和新知识。

关于光波的状况我们先了解这些。无线电波给我们提供了更多的可以深入研究的东西。无线电波与光波不同，它不是从太空中进人大气层（极少量的无线电波除外），所以我们必须研究从无线电发射台发出的无线电波。通过前面的讨论我们知道，从本质上来说，无线电波与光波是相同的，只不过无线电波的

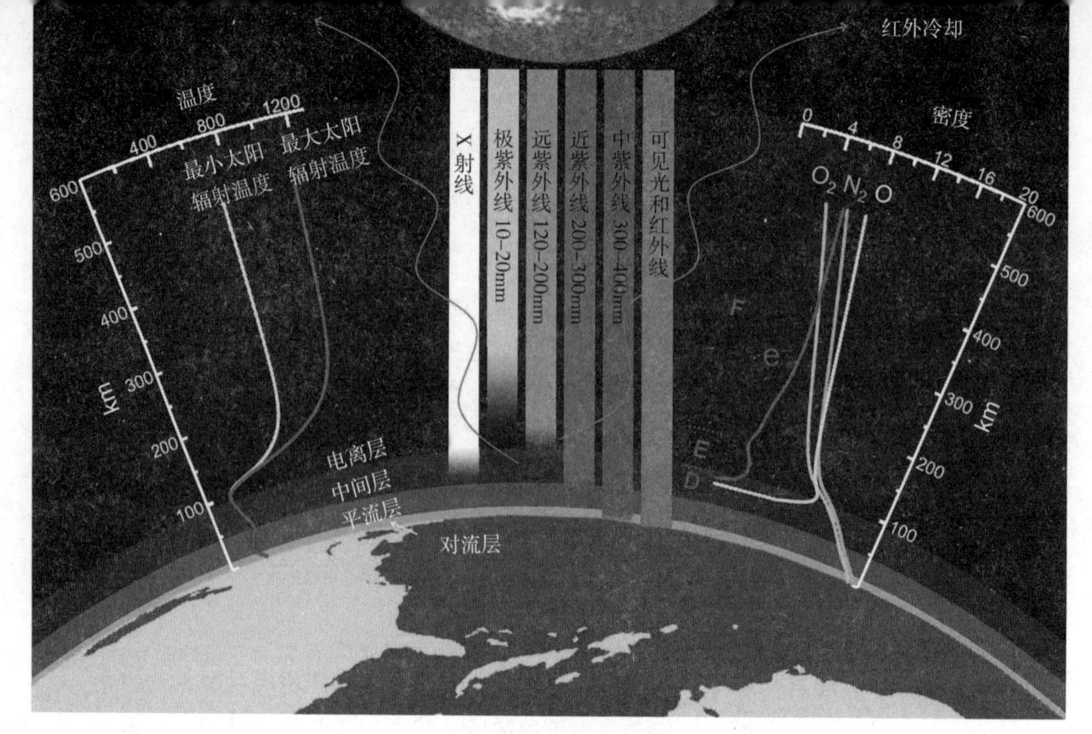

图 18　电离层

波长比光波的波长数十亿倍。正因为两者本质相近，所以两者在性能上有许多共同点。比如两种波都能被地球上的物体所阻挡，而且都是直线传播的。就像我们看不到地球另一面一样，地球另一侧发出的无线电信号我们也探测不到。所以，早期的实验人员曾试图接收到地球另一侧的无线电台发射的无线电信号，但重重困难阻挡了他们继续研究的步伐。接收台周围的发射台发出的无线电波能接收到，这种电波速度很快，围绕地球两圈只需半秒钟。不仅这样，凡是操纵过无线电台的人都会知道，当两个发射台的功率相同时，较远处的电台的收听效果比近处的要更清晰一些。

通过研究人们逐渐得出这样的结论：无线电波向四面八方发射，但是当某束电波碰撞到地球表面以上某一高度时就会重新回到地面。如果我们发现光波有这种特征，就能够知道：在空中的某个高度有一面巨大的镜子把光波反射到地面。在一定意义讲，对于光波来说很厚的云层起到了类似于镜子的功能。比方说天空乌云密布时，在离伦敦很远的地方也能看到伦敦上空的闪光。但是向地球反射无线电波的镜子和这个还不大一样。对一般的光来说，它必须是完全清晰的，而在美好的夜晚，相距很远的电台的收听效果也很好。

大家都知道，平常的镜面是一种导体，它表面通常有水银或其他金属，所以镜子能够反光。而在特殊情况下，空气或其他气体也能导电，所以就没有理由说镜子就不可能含有空气或其他物质。一般来说，被“电离”后的气体就可以导电，这是因为从分子中脱离出来的电子，成为自由运动的能传送电流的电子。这一过程与水银膜或金属表面导电的过程刚好相同。1902 年，美国的肯涅利和英国的亥维赛这两位科学家分别提出一种设想：在高空可能有一层电离化的空气，对来自地面的无线电波来说就像镜子一样，能把它们反射到地面上。之后，人们充分证实了他们的设想，这层电离的空气层叫做 E 层，或者叫肯涅利 – 亥维赛层，它们的高度一般处于 65 英里至 70 英里的高空，但是有时电离层也会再高出或低于 20 英里，也就是说电离层出现的高度在距地球 45 英里至 90 英里的太空。

最近第二层电离层也被观察到了，叫做 F 层，或者叫阿普顿层，是以发现这一电离层的科学家的名字命名的。这一电离层的高度在 90 英里至 250 英里的太空，其高度比肯涅利 – 亥维赛层更高，作用也更大。这两层电离层大多是并肩作战，其中的任何一层都不能独自反射所有的电波。比如有些电波通过肯涅利 – 亥维赛层，最后却被阿普顿层反射回来。也许正是因为这种情况，阿普顿才会发现这一电离层。

后来又用相同的方式发现了大气层中的其他几层。大概就在 25 英里至 30 英里的高空就是最底层，我们称之为 D 层。在凌晨的时候这一层会很活跃，能把长波反射回地球。除长波以外，大多数电波都轻而易举地穿过这一层，但是最终都会被更高的一层电离层反射回来。那么，我们今后收听外国电台时，就应该仔细思考一下：这些电波传送的节目是通过什么办法传到我们这里来的。这样一幅画面可能呈现在我们眼前：离开发射台后这些电波奋力向上，用力冲出 D 层，进入更高的太空，使那里数以万亿计的电子兴奋地活动起来，这些电子就像认真的足球守门员一样，纷纷盯住到达的电波，阻挡它们通过，随后就把这些电波反射回地球，于是我们的天线就接收到了这些电波。在天线上，电波又使大量电子自由活动。如果我们的发射台是戴文垂国家电台，发射的频率是 200

千赫，高空的每一个“守门员”都得在一秒钟左右来来回回跑上 20 万次，把电波反射回地球；在地球的天线上，电子也得来回跑 20 万次；如果接收的条件很好，这些电子还要在收音机里跑进跑出，并在电子管里激活一大堆电子。就这样，在上万亿的电子重复多次各自的活动下，我们最终收听到无线电节目。

怎么会有这么多电离层？也许人们会对这个问题感到吃惊。但别忘了，大气层是混合体，它包含多种气体，不同成分要在不同高度上加以电离。此外，电离的过程可能还需要各种不同的媒介物质做辅助，并且在不同的高度上发挥效果。紫外光很可能就是一种重要的媒介，它在电离空气分子的方面起着很重要的效果。因此，各电离层都必须在臭氧层上面。这是非常关键的，因为臭氧层能吸收紫外线。

最近，科学家们又在大气层以上数英里的空气中观察到了其他反射层。我们可以估计发出的电波经反射后被接收的时间，通过这个来测量反射层的高度。例如，如取反射回来的信息在发射后 $\frac{1}{1000}$ 秒收到，而无线电波的传播速度是每秒钟 186 000 英里，那么，电波发射上去和返回的总路程是 186 英里，反射层的高度应是 93 英里。实验人员最近测得收到返回的信息距发射的时间为 3 至 30 秒不等，这说明反射层也存在于大约相距 300 万英里的外层空间。就像最近的反射层一样，这些反射层是最近距离的，非常有可能含有带电颗粒，而这些带电颗粒又不能漂浮在大气层中，可能是从太阳上发散出来的，处在向地球运动的途中。

反射层

太阳会连续不断地喷射出带电颗粒。有些带电颗粒在太空运行了大约 30 小时之后与地球大气接触。按照电磁的一般规律，运动中的带电颗粒会因为磁力的作用而偏离原来的运行路线。地球正是个巨大的磁场。于是，当这些带电颗粒向地球运行时，就会受到地球磁场的影响而不再按直线移动，而是被地球这个巨大磁体的南极或北极所吸引。斯托默教授的研究发现：在某些地方，这些带电颗粒被迫停留在太空中，长时间不能向地球方向运动。所以，日积月累，这里就会存有长时间地旋转活动着的大量的带电颗粒。也许是这些带电颗粒构成了反射层，把地球上发射出来的无线电波又反射回地球。进入地球大气层后，这些带电颗粒就会产生极光。极光现象是地球两极周围常见的极为美丽壮观的气象。

当声波通过大气层时我们能获得哪些知识呢？下面我们来思考一下。由于声波要靠空气传播，而外层空间却没有气体。所以，就像无线电波一样，还没有哪种声波是从外层空间传到地球的。外层空间本来是不该有声响的，因此，我们只能通过研究我们自己发出的各种声音来进一步探究声波。

有巨响出现时，声波就从产生声响的地方迅速地向四面八方传播开，如同无线电波从发射台传播出去一样。垂直向上的声波可能出现各种传播的形式，但不可能永远沿直线传播出去。因为声波的传播要借助空气，而外层空间没有大气，也就失去了传播声波的中介。科学家们研究得出，声波传播到一定高度后，就有某个射回层将它们反射到地面，跟无线电波被反射到地面一样。我们的收音机对 100 英里处电台的收听效果却没有在 200 英里外收听的效果好。同样原理，一声巨响，在 100 英里处却不那么清楚，相反在 200 英里处却可以清晰地听到。

如何计算闪电与我们的距离呢？首先计算出闪电与雷鸣之间相隔的秒数，然后除以 5，这样算出的结果就是我们和闪电相隔的距离。用这种方式计算的依据就是声音在空气中传播的速度大约是每 5 秒钟 1 英里。但是用这个方法来判断爆炸的距离却行不通。这种声音好像传播的速度非常慢，或者说要比在地面上直线传播还要慢。事实上声波要到达反射层之后又返回地面，按照这个时间我们就能测算出这个反射层的高度。计算的结果说明，这个反射层应当处于平流层。我们能够很容易地估计出是什么原因使波束改变方向。我们知道，一旦达到平流层上的一定高度，温度就会逐渐上升。而声波遇到热空气后就会折射到原来的冷空气中。

关于声波的这一功能，我们可以自己做个试验来验证，而用不着亲自到平流层去。在秋季的黄昏，太阳刚刚下山，天气还是很温暖宜人，天空依然显得很清澈、明净，但此时你仔细观察地面，会发现地面上漂浮着一层薄雾。这种现象就说明底层空气的温度比上层空气的温度要低一些。天空晴朗而地面上笼罩轻雾的现象正是由于这两个层次温度的不同，这是对流层与平流层的小型规模的体现。在这种情况下，声音沿地面能够传播得很远，并且很清晰。此时，声音会一直沿着地面传播，而不会往上传播。因为每当声波往上传播时，上面的热空气就会阻挡住它们。在夜晚凝冻的地面上或者在傍晚的湖面上都会有类似的情况发生。在上述任何一种情形下，声波都会从更高的高度和更大的范围返回到地面，好像较暖的平流层会把声波“拒之门外”一样。

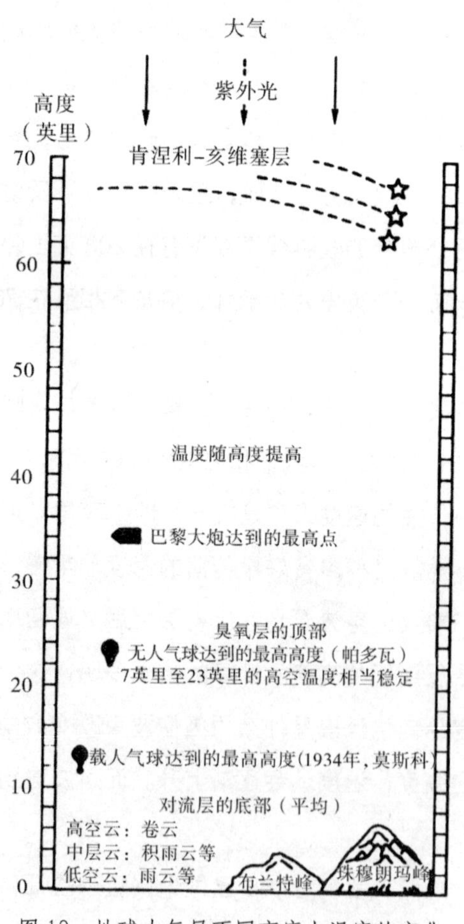

图 19　地球大气层不同高度上温度的变化

流星（将在后文谈到）的降落进一步证明，在平流层以上，温度会随着高度的增加而越来越高，而且还证明在10千米至20千米的高度上，空气尤其寒冷，到大约100英里的高度时，温度反而会特别暖和。

图19显示的就是地球大气层不同高度上温度的变化。

大气层并不是透明的

我们一直都很关注地球大气层的清晰度，却几乎忘记了大气层并不是完全透明的，而且有时根本就不透明。在平常的生活中你要是细心观察，就会发现蔚蓝的天空有时会乌云密布，有时会弥漫着大雾。

而且，虽然有时我们看不到云雾的存在，但是天空也有点迷蒙，不是完全透明的。当我们来到月球上，抬头望月球天空，根本看不到蓝天，一片黑暗漆黑，因为月球没有大气。同样的原理，如果地球的大气一点点由多变少再到无，那么天空也会慢慢由蓝变为更深的颜色直至到最后漆黑一片。

图20　1833年的流星雨

在我们乘飞机升入高空穿过大部分大气层时，就能观察到天空由蓝变黑的早期过程。在 1934 年，苏联科学家在莫斯科升空的气球“平流层号”上观察到了天空不同高度的色彩：

高度 5.27 英里（8.5 千米）6.82 英里（11 千米）8.06 英里（13 千米）13.02 英里(21 千米）13.64 英里（22 千米）

如果我们能完全飞出大气层，无可置疑，那我们将沉没在一片漆黑的世界中。当我们再往上看时，就会看到空气颗粒团、尘埃、水蒸气等，这些物质都能吸收一些太阳的射线，然后又向四面八方散射开。部分散射的光线来到地球，于是我们看到的天空是有光亮的，而不是一片黑暗。

天空的色彩

天空的实际颜色是蓝色。那我们就可能有这样的疑问了：为什么我们看不出太阳光是明显的蓝色，而天空却是蓝色而不是别的色彩呢？其实太阳光原本是一种混合光波，它是由各种波长的光组成的，而这些不同的波并没有受到空气颗粒、水蒸气和微尘的同等对待。蓝光的波长比红光的波长短，而那些微粒的直径比这两种光的波长又都小得多。只不过这些微粒相当于蓝光波长，所以，蓝光能更好地被散射出去。当我们仰望天空时，看到那些被散射的光线，显出的主要是蓝色，这就是我们眼中的天空为什么总呈现出蓝色的原因。微粒越小，散射的蓝光就越多，大雨过后天空更加清透、碧蓝，就是因为大雨把大气中较大的微粒都洗刷掉了，较小的微粒更多了。同样，在大海上空、在高山顶峰，我们看到的天空会更加显得蔚蓝。这是因为在这种情况下只有非常小的空气分子散射阳光，如果较大的尘埃微粒也散射光线，那我们看到的就不是明澈的蓝色了，而是那种有些灰蒙蒙的颜色了。

我们直接看太阳时，所看到的光线是那些没被散开、没被散射的光。由于

图 21　草原日出

被散射的光中蓝光远多于红光，所以到达地球的光中，红光或偏红色的光要多一些。因此太阳看上去比实际颜色要红一些。如果在日出和日落时分，我们与太阳之间的空气或尘埃非常厚，这时当阳光斜射通过大气层时，太阳的颜色看上去比平时显得更红一些。有人在 1883 年以一种非常引人注目的方法对这种现象进行了观察。当时正赶上克拉卡托火山爆发，空气中弥漫着大量的火山灰。这些尘埃最初使火山周围 100 英里范围内都沉浸在一片灰暗阴沉中，然后又笼罩了世界。在此后一连数月，大气层中的这些灰尘都没有散开，这段时间的日出和日落的景象非常美丽、壮观。

水蒸气和雾的尘埃也有相同的作用，所以雾中太阳的色彩就会显得更红一些。街灯的情形也是这样，最远处的街灯看起来要红一些。有时太阳被厚重的云层完全遮住，但是在白天，你会看到云团边缘却闪耀着银光或者是金色的光辉；而在日落时看到的却是深红色。

尘埃、水蒸气和雾的微粒对各种光在不同范围上都有散射作用；但与蓝光比较，红光的波长较长，所以它较少受到散射的影响。红外光的波长更长，它根本不受散射的影响。所以，假设我们的眼睛对红外光敏感，就不会受到空气的影响，即使被雾笼罩，也能透过层层迷雾清清楚楚地看到远处的物体，就像平常在空气中看景物一样。

摄像机的摄影胶片对红外光很敏感，它弥补了我们眼睛在这方面的缺陷。因此，我们的眼睛所达不到的远方，非凡的红外底片却能清晰地拍摄出来。带着红外摄影器材，就可以乘坐飞机到相当高的高度拍摄地球，地球弧形的表面会很清楚地印在照片上。

第三章

凝固的海洋——天空

遨游无穷无尽的宇宙，解开各种各样的奥秘。了解和认识这个充满无数奥秘的宇宙需要花费很长时间，付出很多汗水。为了认识和证明地球绕太阳旋转，人类就用了数千年的时间，各样理论层出不穷。人类逐渐对一些星体的运行活动进行深入的研究。

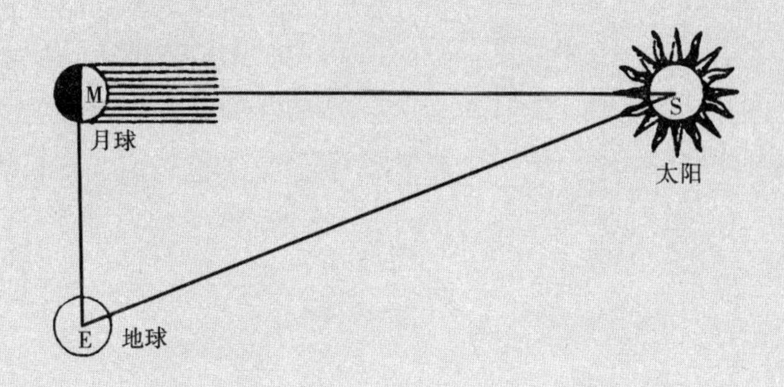

月食和日食

现在让我们把目光转向地球及其大气层之外的景象，也就是所谓天文学景观。各种天体永不停止地在天空中运行，白天太阳就会升起，夜晚就会有月亮和满天繁星。从表面上看，它们都是由东向西运动，实际上是因为地球自转带着我们不停地由西向东运转，我们才会看到这种景象。

太阳每天从地平线的一端升起到另一端落下，在它穿越天空的过程中让我们有了白天与黑夜的区分，享受着光明与阴暗的世界、感受到热与冷的触摸。另一个引人注目的就是月亮的起落及它在天空中运行的景象，而且从地球上有了人类开始就已经对这个现象有所关注了。

太阳光线的明暗变化效果会受到地球大气层的影响，但太阳的形状和亮度

图 22　月食时月相的变化图

却不会因此改变。而月球就不是这样，月球的形状、亮度都在不停地改变着。每个月它都经历一个完整的变化周期，叫做“月相”。最初它只是一道细细的光，我们叫它为新月；大约过了一个星期，新月慢慢变成半圆，叫半月；一个星期过后它就变成了一个整圆，叫做满月。这个过程之后，月亮又慢慢变小，由整圆到半圆，直到又变成细细的一弯新月。

新月的时候，月球离太阳的距离较近；伴随着月球形态的逐渐扩大，它离太阳的距离也越来越远；等到满月时，它几乎正对着太阳，因此月球的满月不出现在天空北方，而总在南方。

不论是新月、半月还是满月，月球的光亮表面总是对着太阳，这说明月球自身不是发光体，而是被太阳照射的部分看上去才有光。在一定的罕见的情形下，地球正好运行到月球和太阳中间，地球暂时挡住了照射到月球上的阳光，这种景象被我们叫做月食。月食现象有力地证明了月球本身是不能发光的。

还有一种更少见的情况，就是月球刚好走到地球和太阳中间，这时出现的景象叫做日食。当月球经过太阳的正面时，月球呈现出完全的黑色。这使我们又一次亲眼看到了月球本身是没有光的。

古人对月食和日食的理解

我们现在说起这些现象好像很简单也很明了，实际上，人类要经历很长一段时间的艰苦探索和仔细研究才能证实这些发现。最初，人们容易被表面现象误导，对太阳，月球及恒星的大小、运动及物理构成曾有过种种奇怪的假想。如公元前 6 世纪，希腊哲学家阿那克西曼德（大约公元前 611 ～前 546 年）认为太阳、月球、星星都不过是苍穹上面的洞，当火从天上这些洞经过时就会有光亮的出现。他还认为慢慢打开和关闭月球洞就形成了月球的圆缺，而当洞口完全被封闭时就形成了日月食的现象。

几年之后，阿那克西门斯（约公元前 585 ~ 前 526 年）又断言：太阳、月球和恒星都是由从地球上升到太空中的火组成的。他认为太阳是一种扁平的火叶片，就像滑翔机和飞机一样飘浮在空中。月球也是一样的东西。恒星跟它们完全不同，它们更像是些火钉，被牢牢固定在天空的水晶面上。但是所有这些想法都说明不了日月食的现象，阿那克西门斯又在心里默默猜想：天上也许还有些阴暗球体，它们具有“泥土特性”。大概是这些暗色球体跑到我们的地球和明亮的太阳和月亮之间才会形成日食、月食的吧？

紧接着的是在大约公元前 570 年出生的色诺芬尼。他认为太阳、月球和星星不停地在天空中飞行，它们是一连串的火云。他像之前的埃及人那样确信每天有一个新的太阳：前一天的太阳向西走，一直走到很远，直到不在我们的视线中了，接着就会出现一个新太阳；不时地会有一片火云烧完了，那就形成了日食的现象。

赫拉克利德斯则认为：太阳、月球、恒星都是盆或者碗，它们包含着地球上含火的散发物，所以能够释放出火焰。月球碗慢慢地转动，使得月球增大又变小，则会出现我们大家都熟悉的月相周期。一旦太阳碗或月球碗刚好转到背对我们的方向，那就会出现日食或月食。

这些人的种种猜想都离事实太遥远，没有任何理论的依据。阿那克萨哥拉斯（约公元前 500 年出生）独具慧眼，凭借着聪明的智慧和特殊的洞察力正确地解释了这些现象。他认为月球是“具有泥土特征的”，上面有平原和沟壑，它能够传送由太阳照射过来的光。他说月球在不停地沿着太阳轨道运行，在运行的过程中被太阳照亮，于是产生了月相。他还十分清楚地说明了月食的形成是由于月球直接走进了太阳和月球之间的地球的阴影里，所以月食的现象常常在满月时发生；而日食现象的出现，则是因为月球跑到了太阳和地球之间，所以总是发生在新月的时候。

太阳和月球的物理性质

在早期，人们对太阳和月球的物理性质的概念很模糊，同样，他们对它们的大小和远近也是了解得很不清楚。由于太阳和月球在天空中看起来大小几乎相同，所以它们离地球的距离也一定是相等的。但这距离到底是多少，人们却持着各种各样不同的观点。阿那克西曼德曾经预言说太阳和地球一样大；过了几年，赫拉克利德斯说太阳的直径只有 1 英尺，而阿那克西曼德运用了中间观点，坚持说太阳比伯罗奔尼撒半岛大。萨摩斯的阿里斯塔克斯（约公元前 310 ~前 230 年）是最早的极其努力地去寻求事实真相的人。他在实际测量的基础上进行计算，这在当时是一种唯一可行的手段。

在半月的时候，我们看到月球刚好是一边被太阳照亮，所以图 20 中的 EMS 角一定是直角。如果这时测量月球和太阳之间的 MES 角的话，三角形中所有的角的大小就都清楚了，这也就很容易计算出三角形各个边的距离。

阿里斯塔克斯计算的结果是 MES 角比直角差 3 度，并计算出太阳比月球大约远 18 到 20 倍。这种估计完全不正确。因为事实上这个角比直角根本差不到 3 度，而只是 3 度的$\frac{1}{20}$，因而太阳比月球大约远 400 倍。

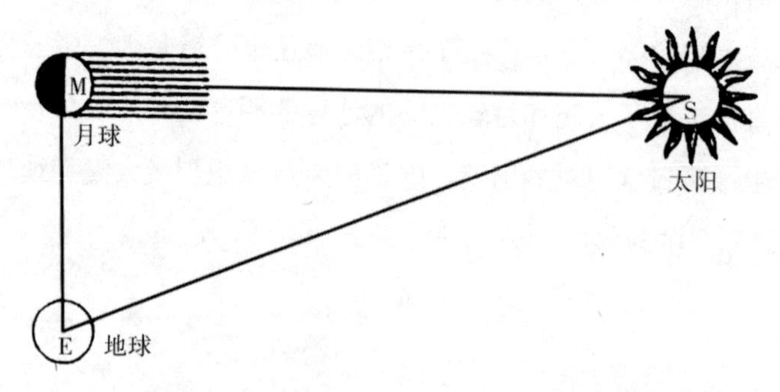

图 23 萨摩斯的阿里斯塔克斯试用几何办法测量太阳和月球间远近的图示

阿里斯塔克斯还有一种巧妙的方法，那就是利用地球和月球自身的距离来测量。月食时，我们看到地球的部分阴影呈现在月球的表面，一直都只有部分影子，因为整个影子要比月球大得多，事实上大约是月球直径的 4 倍。但阿里斯塔克斯估算说地球的整个阴影只有月球的 2 倍，并得出结果说地球是月球的 2 倍。用这种办法计算了月球的大小后，就能轻而易举地从它空中对的角计算出它的距离了。在空中看月球的大小，就好像在 9 英尺远看半个便士的大小一样，在 24 万英里之外看直径为 2000 英里的天体也必定是这么小。

虽然这是一种很新颖的计算方式，但令人遗憾的是，阿里斯塔克斯的计算非常错误，整个过程中从来没有丝毫接近他努力估计的量值的地方。MES 角就被他估计错了，他认为地球的直径只是月球的 2 倍而不是 4 倍。月球的大小也被他过高估计了，差错起码有 4 倍，而且他对地球的体积的大小也一点不清楚。好多年之后，埃拉托色尼才得出了非常让人震惊的精确估算，有关这点我们已讨论过了。

行星不规则运动

关于地球在空中的运行我们就先了解这些，而所谓“恒星”（比如牧夫座星和天狼星）却总是停留在相同的方向上，因而形成了一个稳定的画面。太阳和月球看起来是在这背景的前面运行的，其他的天体如“行星”也是这样。其中五颗最引人注意的是金星（也叫晨星、长庚星）、土星、火星、木星、水星。在有描述以来的天文学形成前，人们就了解这些星了，但是那时人们还不太清楚金星只是一颗早晚交替出现的星而已。水星也一样。但是巴比伦人似乎知道这一点，因为毕达哥拉斯和帕美尼德斯在公元前 6 世纪就向希腊人解释了这种现象。后来，差不多到今天，又发现了三颗行星，分别是 1781 年发现的天王星，1846 年发现的海王星和 1930 年发现的冥王星。

除了这些大行星，还有成千上万颗小行星，或把它们叫做微小行星。

从表面上看行星好像以一种极不稳定的方式在运行。当其他星球以固定不变的方式自东向西运行在天空中时，行星却常常被落在后面，有时甚至看到它在行星中自西向东逆行。每隔一定时间，金星和水星就会落到太阳的后面，之后它们又急速“追赶”，冲到太阳前面。因此，这两颗行星都“执著”不停地绕太阳运行，在西边的摆动总比在东边的来得更猛烈些。

行星的这种不规则的活动与恒星有秩序地运行完全不同，这让古人觉得很不解。毕达哥拉斯学派的人坚持认为行星是不会进行这种不合章法的运动的，看到的应该是幻觉，他们觉得行星实际上的运动肯定是平稳而有规律的。杰米诺斯写道：“他们认为那些神圣的、永恒的东西就一定是有顺序、有规律的，而完全不是一会儿飞奔，一会儿慢悠，一时又静止不动。即使是一个思维很有条理的人在观察，也没有人认为他会出现这么无规律的运动。”而且据说柏拉图还曾经向他的诚实的学生们提出过这样的问题，就是找出能够说明行星“一致和有秩序的运动”的证据。

其实，当某一天体同时进行两种不同的运行时，即使每种运动都很普通、平常，它在空中的实际运行轨道也会相当繁琐、复杂。假如骑着自行车沿一条笔直的马路前进，脚会在脚蹬子上不停地绕来绕去，动作很简单，自行车也是一圈一圈地行进，运动很简单，可脚在空中的路线就十分复杂了。这就如同行星在天空中运行的复杂路线一样，早期的天文学家们就是这样一次又一次地尝试用类似的办法进行诠释。

公元前 4 世纪的欧多克斯（公元前 408 ~ 前 355 年）第一次试图解释行星的这种复杂的运行。他试图用轮子套轮子，或是说球中有球的办法解释行星的运行方式。这些球都是以地球为核心的同心球。每个球都先绕里面的，然后再绕外面的，所有的球旋转的方向都不一样，每个运动的天体都有自己的球系，并附在这个球系最外面的球上。欧多克斯发现，他需要给太阳和月球各 3 个球，其余 5 颗行星各 4 个，总共 26 个球才能清楚它们运动的方式。后来，卡里帕斯（约公元前 370 ~ 前 300 年）发现即使这么复杂的系统也不能完全解释行星的运行迹象，就又加了 7 个，总共 33 个。

这套系统就变得更加复杂了。但在同一时期，赫拉克利德斯（此人我们在前面已经提到过了，他发现了地球的自转）运用了一套简单的办法，并向真理迈进了一大步。他觉得用轮子或圆圈的方法来解释金星和水星的运行实在没必要，只要了解这些行星不是绕着地球转，而是像卫星一样围绕着太阳转就可以了。后来萨摩斯的阿里斯塔克斯的研究又向前跨越了一大步，他猜测地球也是围绕太阳转的。下面引用阿基米德（公元前 287 ~前 212 年）的话说："萨摩斯的阿里斯塔克斯写了一本书，书中有一些假设，这些假设得出的结果是宇宙比我们当前所说的要大得多。认为是星星和太阳是静止的，太阳在圆圈的中心，地球绕着太阳旋转；而恒星也像太阳一样，位于它们那圈子的中央。它们的旋转圈子特别大，以至于他想象地球在其中运转的圆圈和恒星的远近与这个圈子的中心到它表面的比例相等。"

在古希腊时期，或在其他任何时期人们并不欢迎这些见解。人类从来都不愿意承认他们的家只不过是一颗绕着另一颗细粒旋转的微粒，在浩瀚宇宙中就像一个小点，显得极其微小，而不是他们想象的那样是宇宙的中心。

于是我们在普卢塔克的文章中了解到克里安西斯认为阿里斯塔克斯该被指控的原因，是他太不忠心，竟然认为宇宙的心脏地球是运行的。阿里斯塔克斯告诉了人类一个非常不愿意接受的事实。但人们却很容易从其他天文学家那里得知他们想要听的一切。

阿里斯塔克斯之后约两千年，均轮和本轮说很好地诠释了行星的运行。它跟欧多克斯的轮子套轮子不同，而是轮子上有轮子。赫拉克利德斯曾知道水星和金星绕太阳转，而太阳又绕地球转。很快人们就知道这套理论的扩展能诠释所有天体的运行。这样一来，不论阿里斯塔克斯曾说过什么，地球仍然是宇宙的中心。A 绕着地球转，B 绕着 A 转，C 绕着 B 转，如此推算，就像杰克建房一样，直到看见最后一个轮毂上的某个点上确确实实有某个恒星在不断地运动时为止。

大概在公元 150 年，由亚历山大港的托勒密形成的均轮和本轮学说，在整个中世纪的黑暗时代里没有被人注意，更没有被人理解，还不时地出现人们各样的疑问。直到公元 1543 年才有了正式的挑战，波兰修道士哥白尼觉得托勒密的整套理论可以用类似 1800 年前萨摩斯的阿里斯塔克斯提出的学说来代替。总之，他认为太阳是静止的，而地球和其他 5 颗行星都绕着太阳转。三分之二个世纪之后，这个观点的准确性被伽利略的天文望远镜充分证明了。

黄道带

这种说法在中欧地区如同在古希腊一样不被人们喜欢，巨大的世俗成见完全淹没了哥白尼的理论，导致直到他撒手人寰，他的书也没能问世。伽利略全然不顾世俗的反对，始终坚信并大胆地宣称他所相信的是真理，而且整个余生都在与教会的权威进行着艰难的斗争。

行星的运行看起来繁杂、不规范，是受我们在地球上的观察位置影响的。我们在地球上是在一个偏离中心的位置进行观察的，所以，行星的运行轨道看似是那样的复杂、无规律。我们就如同坐在台下的观众，舞台上的整个布景并不能完整、全面地映入我们的眼帘，因为我们离舞台的左边或是右边太远了。但是，太阳却给我们提供了最恰当的中心位置，从那里可以很好地观察道行星的运动轨迹。如果我们置身在太阳之上，就能看到每一颗行星都很有顺序地、有规则地，并且一圈又一圈地重复着几乎同样的运行路线。我们还会看到所有行星的路线几乎在同一个平面上，这个平面在太阳的赤道平面上倾斜一个大概 7 度的小角度。

如果我们在太阳上看我们生存的地球，就会看到地球正绕着它以回环路线在空中有序地运行，而我们从地球的位置上看，太阳也正以环形路线在空中规则地运行。我们把太阳在空中活动的明显路线叫做黄道。而且，由于其他所有行星都像地球一样几乎在同一个平面上运转，它们在空中运行的路线几乎与太阳的一样。金星、水星和火星这 3 颗最近的行星有时会偏离这个路线，范围分别达 9 度、7 度和 5 度，其余 5 颗行星偏离范围都很小，都在 3 度以下。因此，太阳和行星们在空中的运行路线都集中在非常狭窄的轨道中。古埃及人和巴比伦人都知道这条狭窄的轨道，而且古希腊人通过巴比伦人也许也了解了这条轨道。我们把这条轨道叫做“黄道带”。

早期的人类只把恒星看成是光点，可他们又不能不观察到这些光点很平常地会归属我们称为“星座”的星群中。这些星群被他们赋予动物的名字、传说中的英雄，或熟悉的东西的名称。有时只是想象一个类似的物体来命名，有些名字很有趣，只是人们随意起的，没有任何依据。黄道带被巴比伦人分成 12 个部分，每一部分都相同，而且每一部分都有一个星座。除一个是例外，其余星座首先都以动物命名。“Zodiac”这个词意为“动物圈”，最初把这些星座假想成动物的家。太阳在天空中运转时依次到动物的家登门拜访，每月一次。因为天文方面的原因，一般从 4 月开始排名单，或更精确些说，从春分开始。我们可从瓦特博士、歌谣作者的小诗里按次序记住这 12 个星座：

图 24

白羊，金牛和双子座

接下是巨蟹，狮子在闪耀

室女宫，天秤座

天蝎，人马，摩羯

拿着宝瓶的人（宝瓶宫）

尾巴闪光的鱼（双鱼宫）

希腊人和埃及人给黄道带上的许多星座起的名字特别相似，然而中国人却跟他们不同，中国人也是用动物来给黄道带命名，却是12种根本不同的动物，比如狗、公鸡、猴和羊取代了白羊、金牛、双子和巨蟹等等。

星 座

太空中其余的星也被划成为星座，远古时代的作家就谈论过很多星座。如猎户星座和大熊星座在荷马以及约伯的书中都有记载；在公元前7世纪，小熊星座就被泰利斯记载过了。对于不同语言和不同民族来说，很多星座却都是相通的。如猎户星常常和一个猎人或者英雄人物有很大关联，金牛座则暗示着凶猛可怕的动物。

公元前4世纪，天文学家欧多克斯（柏拉图的学生）把从古希腊时期起就能看到的所有星座都画在一个球体上，阿拉托斯用语言把它们形象地描述出来。描述的形象大部分都来源于很久以前的古希腊或者更远古的文明时代的传说和神话故事。所以我们从小时候就接触过一些有关大熊星座和小熊星座，即大熊和小熊的故事。小熊是一个猎人变的，他把大熊杀死了，他不知道大熊正是他的妈妈，天后朱诺因为妒忌才把她变成了大熊的。还有武仙座（阿拉托斯把它

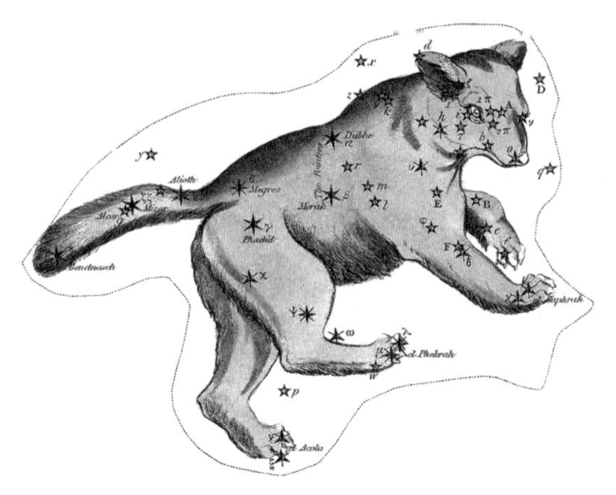

图 25　大熊座

写成“跪着的人”）和龙的故事。英仙座、仙女座和鲸鱼座的故事是最好听的，也最令人感动了。安德洛墨达被囚锁在海边的大石头上，海怪（鲸鱼座）正准备吞食她，在这个关键时刻，柏尔修斯（英仙座）把她救了下来。柏尔修斯让海怪看美杜莎的头，因为这头可以使任何看到它的人变成石头。他没有直接看而是通过镜子看它，因此免除了一场厄运。还有现代的一个童谣是这样讲述的，说的是一头母牛跳过了月亮。这大概是因为作者看到月亮从金牛座下面经过而产生了创作的灵感编写的吧！小犬星座指的是一只很有趣的小狗。天上还有一个圆盘（巨爵座）带着一只汤勺跑着呢。

希腊人只善于在近处旅行，较远的地方他们不曾涉足，所以，所有赤道以南的天空他们从来没观察到，更谈不上划分星座了。这真是可惜。因为当代人给这部分天空的星座起名字时，缺少了旧时星座名字的尊严和简洁。我们发现有这样的星座名称，比如印刷工的车间、画家的画架、雕刻家的笔、化学熔炉等等；更让人觉得奇怪的还有菲特列的光荣、乔治的竖琴、查里斯一世的橡树等名称。由于希腊位于赤道北大约 40 度，所以，在南极以内的那部分太空，古希腊人都看不清。这样，我们就可以推算出那些有现代名称的星座大概都处在以南极为中心的 40 度的圈内。

地轴

我们发现这些确实确都在 40 度的圈子内，但并不是以南极为中心。了解这一点既有趣又使人增长见识。

地球在空中就像陀螺一样不停地旋转，但它的轴不是总朝着同一个方向的，日心力的吸引一直影响着地球赤道周围的凸出部分，而当这引力拧着地球轴在空中旋转时，地球顶端就会不停地摇晃，这种情形可以想象成小孩子玩的陀螺将要停下来时的样子。

研究发现地球的轴一直晃动着，每 2.6 万年绕一个完整的小圈。别看现在前轴指向小熊座的尾巴，可在 4000 年前它指向的是熊的右耳，而 5000 年前它指向的又是熊的鼻尖，1.3 万年之前它还没指向熊的任何部位，因为那时整个小熊座还在北部太空十分靠下的位置上。当时地球的轴指向织女座周围，而织女座现在又到了天空十分靠下的位置。是什么原因导致如此大的变化呢？所有这些变化都是由于我们赖以生存的这个陀螺——地球，在太空中不断运行的结果。所以，希腊人在不同的时代看到的太空一定是不相同的，就如同我们坐在一艘漂浮在海面的大船上，从船舱的每个舷窗看到的景色是不同的一样。这也许就是为什么许多南部星座会有希腊名称的原因，比如半人马座。现在的希腊人已经看不到那部分天空了，但是在 4000 年前，希腊人的头顶上就是那片天，半人半马就是那时的人们信奉的一种动物。

阿拉托斯在他的诗中谈到了的许多星座，但那些星座并不是阿拉托斯那个时期希腊人所能看到的星座。可以大胆地做个推测，在公元前 2500 年到公元前 2800 年之间，它们是在希腊的纬度地区所能观测到的恒星。这样看来，在大约公元前 2800 年的一段时期里，居住在与希腊不同纬度上的人们最先给星座命名，阿拉托斯所记载的只不过就是这些。这点对巴比伦人有重要影响，特别是因为还有其他证据证明，在更早一些的时期，巴比伦人就对这些重要星座中的某一些星座有所了解。

星星的亮度

我们是借助星座中最亮的星来分析星座轮廓的。但还有很多星的光亮不明显，看起来较暗淡，其中有些星用我们的肉眼只是勉强能看得到，还有很多数量的星只能借助望远镜才能观看得到。

在一般条件下，大概 6 英里远的 1 支烛光是我们普通视力的人眼所能看到的范围。如果光线较暗，或者再远到 6 英里外的距离的话，那就看不到任何光亮了。这个我们所能看到的 1 支烛光的 6 英里角度，称之为“视阈”。

如果把我们所能看见的 6 英里远的 1 支烛光作为 1 个亮度单位，那么我们用肉眼所能看到的最暗淡的星星正好就是 1 个亮度单位。按照这个比例，天狼星是我们肉眼能看到的最亮的星，它有 1080 个亮度单位。换种说法，大概相当于我们看到的 6 英里之外放着 1080 支烛光亮度的灯。在南部空中很远的地方是老人星，它是第二亮的星，有 550 个单位。这两颗星都很清晰、明亮。能跟它们的亮度接近一些，可以和它们相提并论的是一串大概各自拥有 200 个单位上下的星：织女座为 220，五车二（御夫座）为 208，α 半人马座和南河三（小犬座）每个为 180 等等。整个太空中大约只有 20 颗星有 100 个亮度单位左右。其次是光亮在 100 ~ 10 个单位的星有 200 多颗，然后就是在 10 ~ 1 个单位之间的星大概有 4500 多颗了。这些就是我们用肉眼所能观察到的大于 1 个亮度单位的所有的星了，整个天空中也许只有 472 070 颗我们用肉眼能看到的星。它们有的活动在我们的视力范围内，有的在地平线以下，还有一部分会随时可能跑到地平线之上，还有相当一部分隐藏在地平线周围的雾中或是云彩中。总体来说，如果靠我们眼睛的正常视力，能看到 2000 颗星就很不容易了。

在众多星星中，太阳和月亮最明亮耀眼，最引人注目，对于它们的大小，很多人都做过估算。它们绕天空运行的时间是一整天，这能够证明它们要跨越自己直径的长度只需 2 分钟就可以。换一种说法就是，整个太阳或整个月亮，2 分钟内就可经历任何一个固定点。这表明，如果把太阳或月亮一个接一个围绕天穹排一整圈，需要 720 个。通过这个我们还可以推算出，如果把整个天空都排满太阳和月亮，则各自需要 20 万个。这个数字和我们能够看到的星星相比大概是 42 ：1。

假如我们通过望远镜来观测太空，那我们眼帘内的恒星数就大大增多了。望远镜凸出的玻璃或镜片是望远镜的一个很大的采光区，光波被收集后都投射在这个采光区上。我们的眼睛接受到这些光波就如同耳机搜集声波，再把它传送到耳朵一样。瞳孔的直径只有 $\frac{1}{5}$ 英寸，直径 1 英寸的望远镜能够搜集 25 倍于肉眼的光，使我们可以看到任何含 $\frac{1}{25}$ 以上亮度单位的星星。这样的星星一共有 22.5 万个。可见，仅 1 个 1 英寸的望远镜就能让我们多看到 22 万颗恒星，大概是从前的 50 倍。通过威尔逊山上 100 英寸的大望远镜能够观察到 $\frac{3}{1000000}$ 个亮度单位的恒星，这些星大概一共是 15 亿颗。然而这巨大的数字，如同我们今后所要观测到的，也大概只是恒星总数的 $\frac{1}{100}$。

虽然恒星的数量巨大，但它们的总亮度并不是如我们想象的那种很夺目耀眼的。天空中恒星的总亮度只有 10 万个单位，是太阳光的万分之一。它的亮度大约相当于 100 英尺之外的 1 支烛光的亮度。

恒星的亮度虽然不是很大，但它闪烁的是自身发出的光。而行星本身不能发光，只能借助太阳光，所以来自行星的光一定比恒星要少很多，但看上去它们的亮光相差得并不是很大，因为行星离我们的距离较近，亮度便得到了一些补偿。

如果观看者没有经验或者不够仔细地观望天空，即使他能够记得行星是不会背离黄道而运行的，那也是分辨不出哪个是行星哪个是恒星的。金星、火星和木星是最亮的行星，一般情况下根据它们的亮度就可以判断出。在我们的视线范围内，金星总是最明亮的，而火星和木星的亮度相对来讲不是很稳定，有时比最亮的天狼星还要亮些，但有时又会暗淡些。

因为大多数星星离我们的距离是固定的，所以它们的亮度也是稳定不变的。

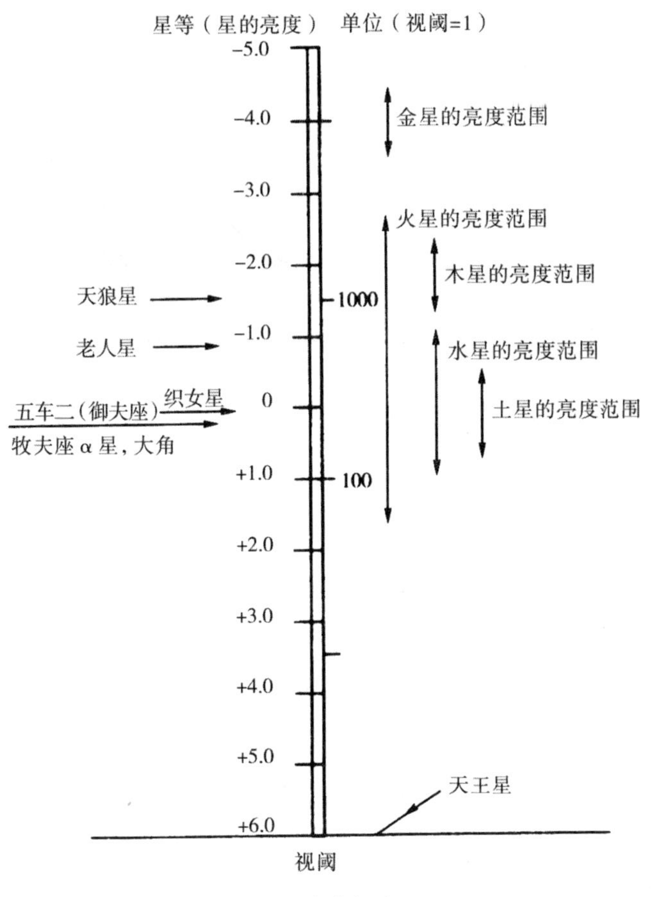

图 26　亮度标准图

但行星却是个例外，它的亮度改变有两个原因：由于它们绕着太阳旋转，它们离我们的距离不是固定的，而是在不断地变化着，

图 26 中，右面的数字表示以“视阈”为单位的倍数，左面的数字表示星等（星的亮度）。天文学家以更高的技术测量星的亮度。通过对比中心线两边的数字，可明白两种测量之间的关系。

这个原因导致我们看到它们被照亮的部分也在不断地变化。离我们最近的金星体现出的这些变化表现最为突出。它被照亮的表面和直径的明显变化如图 25 所示。当金星离我们最近的时候，看起来也不是最亮，因为这时我们只能看到被照亮的很细的一个小牙（像是新月）；当它整个表面都被照亮时看起来也

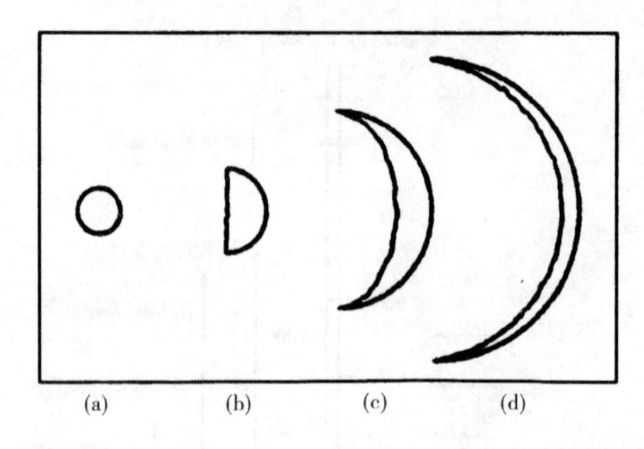

图 27 金星的相：(a) 当它离地球最远时，直径为 9.5 秒的圆；(b) 当它离太阳最远时，直径为 18 秒的半圆；(c) 当它最亮的时候，直径为 40 秒的新月形；(d) 直径最大时为 62 秒的新月形。

不是最亮，因为这时它离我们太远，视觉上看起来就显得很小；当它处在中间位置时看起来最亮，如图 27(C) 所示。这时它有 13 000 个亮度单位，亮度是天狼星的 12 倍。最亮的天狼星可以说独占鳌头，其他恒星的亮度都无法与它相比。水星最亮时有 760 个亮度单位，土星只有 360 个。

当金星靠近太阳时，它的直径将增加到 63 到 64 秒[①]。但此时太阳的光辉把它淹没了，几乎看不见了。

满月的亮度单位是 2 600 万，所以是金星最亮时的 2 000 倍，而太阳，中午时分有 123 000 亿个单位，是满月的近 50 万倍。

也许大家会很惊讶甚至不解：我们眼睛是这么明亮敏锐，1 个亮度单位的光我们都能捕捉到，而这么亮的光我们怎么能看不到？原因是这样的：星星的亮度单位并不能决定光对我们眼睛的影响程度，光对我们眼睛的冲击是由它的位数，就是数学家们称作的对数来决定的。按照这个说法，太阳对我们眼睛的效果是 14 而不是 12 300 亿，金星是 5 而不是 13 000，天狼星是 4 而不是 1080。最暗淡的星是 1。

虽然行星的位置和亮度在不停地变化，但我们眼中的天空在每个晚上看起来都没有什么差别，它的变化很细微，不会让人觉得吃惊。偶尔会出现一些振

①角直径的单位。

奋人心的现象，比如彗星横扫天空。彗星和流星在不常见的气象中属于比较特殊的。彗星拖着长长的尾巴冲过天空，看上去好像是发了疯的精神病患者披散着头发狂奔。所以，从前的作家曾经把所有彗星都叫做“长头发的星”。流星看起来很像是厌倦了太空的生活，想要选择一个好时机从高空中一头扎入大地的怀抱。

彗星、流星和陨石

彗星跟行星一样围绕太阳运行，但轨道迥异。行星差不多就是进行平稳的圆周运动，因此距离太阳的距离大致相同，而彗星常常在非常细长的轨道中运行。它的让人吃惊的景象大多出现在几周或几个月内，那个时候它离太阳最近。这段时间，太阳的照射使彗星喷射出一条长长的光芒，看似长尾巴，这尾巴一直背向太阳，没有变化。

在了解彗星的性质之前，在人们的心目中它一直被看作不祥之兆。令人奇怪的是，历史上一些重大事件的发生和最引人注目的彗星的显现似乎都有些关联，或者通过这个预测未来。荷马在《伊利亚特》中写道：

红色的星，从它那火焰般的头发中抖落下疾病、瘟疫和战争。

后来牛顿诠释了彗星的运行奥秘，说明它们只不过是违反了行星运行的同一规则，又被相同的引力吸引着，从这之后人们才取消了对它的误解，不再把它看作不祥之光了。

更令人惊奇的是流星的出现。它们常常以流星雨的形式出现，不光阵势很大，而且声音很响。有时我们在观看晴朗的夜空时会很幸运地看到数十个流星的滑落，有时数量会很多，像巨大的萤火虫闪着亮光飞奔而过。早期的中国人和日本人好像对流星情有独钟，他们保存着具体的记录，有的说流星像纷飞的雪花，像从天而降的大雨，还有的说流星像被秋风吹下的落叶一样飘落。公元1519年在朝鲜发生过的流星雨现象，是这样被描述的，由神户天文台记载的天文人员：

“有些像离弦的箭在空中发射，有些像红色的龙在空中自由飞舞，有的像闪亮的火球突然爆发，有的像弯弓，还有的像双叉锥子，然后又变成许许多多纷乱的模样。”

其实，这些物体根本没有资格被划分到星星一列。它们的外形根本就不大，也不在极其遥远的空间，只不过是一些硬石碎片或很普通的金属物质。大多数都特别小，我们的一只手中就能容得下上百个甚至上千个。它们距离我们也非常近，就在我们的大气层里。

在外层空间这些细微的颗粒不停地运动。每天有成百万的小颗粒在旅行过程中穿过地球的大气层，它们运行的速度甚至超过机关枪子弹速度的几百倍。首先它们进入大气层，这时就会与大气产生摩擦，开始发热，之后很热，然后更热，最后白热化。到这一步它们才看起来才像恒星。它们的温度达到极限，以至于几秒钟就结束了生命的过程，化作气体和灰尘，消失在我们的视野中。

这么小的东西竟然看起来会像真的星星，像天狼星和牧夫座星一样明亮，岂不令人震惊？请记住两点：首先，流星距离我们很近，它们只在少数的观众面前现身，它们存在于地球上空几英里的地方而不是在几万亿英里以外的空间；

图 28　美国内华达州亚利桑那陨石坑

其次，它们闪耀的时间很短，仅仅几秒钟，而真正的星星至少要闪烁几十亿年。

陨石从本质上讲跟这些小物体相同，只不过身形要大些。当陨石划过天空时，往往比实际的星星亮得多，而且可以照亮一大片天空，因而我们把它们描绘成火球。它们的外层表面有时会变得异常炙热，甚至会导致它们爆裂（就像把热水一下子浇到冷玻璃上会突然裂开一样），这时就会发出巨大的、甚至是叫人毛骨悚然的爆裂声音。据日本的一份1533年的记录显示："满天的星星都如同火花一样四处乱溅，地上、海上，到处都飞射着爆裂后的小石块，发出震耳欲聋的爆炸声，因此地面上瞬时间弥漫着恐怖、惊惧、无助，人们都以为地球要破裂，王国要毁掉，所有人都沉浸在无尽的失望中，处处传来叹息、哀哭。"

在当时，人们常常把这种情景看作是天神发怒的征兆，结果经常导致国王们或国家想方设法地改变他们的生活规律，以讨天神的喜悦。公元前650年发生了一次陨石降落，李维（Livy）对当时的场景进行了描述，他说那次陨石的降落给人们带来了一场九天的重大仪式，希望通过这种重大仪式能够使

图29 威拉姆特陨石

发怒的天神们得到安慰。日本有过这样的记录：许多次陨石的降落被人们看成是警戒，之后，全国人民全部动手修路。哥伦布的日记有着这样的记载：他的船员们见到热带鸟之后非常兴奋，因为知道自己已经接近了日夜盼望的陆地，但就在这高兴之时“看到一块陨石从天降下，就马上变得非常伤感、失落，先前的欣喜之情便烟消云散了”。

在到达地面之前，小的流星就化成了蒸气。可是大些的流星不是这样，它们常常落到地上，我们把它们叫做陨星。小些的可能落在沙漠里或农场上，人们发现了就会送到博物馆或实验室里去研究分析。绝大部分经过科学家们的研究都被证实只不过是石头或晶石，少数由铁构成，有时混有岩石或石头，有时混有镍和钴。

大些的陨石落在地球上之后就会埋葬自己，因为在它们落下的地方常常形成大洞或是陨石坑。有一个陨石坑的形状是椭圆形的，圆周 3 英里，深 570 英尺。根据估算，这颗庞大的陨石有 500 英尺宽，大约重 1400 万吨。

第四章

宇宙的飞船——月球

月球不像地球温度适宜，月球上温差特别大，整个月球的世界只是黑白两种单调的色彩，每天都有上百万颗流星和陨石以每秒30英里的速率击向月球。那里没有任何生命的痕迹，没有生气、没有生机。

遥远的幻想

我们看月球在空中的大小总是差不多，没有什么变化，因而我们能够知道：月球离地球的距离也总是几乎相同的。那么我们怎么测量月球与地球间的路程呢？我们可不可以像测量一座不可能攀登的山巅或者一架飞机的飞行高度那样来测量呢？

当一架飞机在空中飞行时，处于不同地点的人应该从不同的方向观察才能看到它。如果它出现在一个人的头顶上空，那么在 1 英里之外的另一个人的头顶上空就一定不会有它的出现。所以通过测算它的方位偏离、两个人所处地点的距离，就可以测出这架飞机的高度。根据这种方法，天文学家测量的结果是地球和月球的距离在 221 462 英里到 252 710 英里之间变动，平均距离为 238 857 英里。因此我们可以认为月球与地球的大致距离是 25 万英里。

距离如此遥远，月球的微妙之处我们的肉眼无法领略。其实，当我们凝视着月球横穿夜空对，只能看到它表面的一些或明或暗的区域，其他的我们就都见不到了，我们可以把这些明暗区域想象成各种画面，比如月亮里一位农夫扛了一捆木柴，或是一位老婆婆在认真地看书，抑或像中国人设想的那样，是美丽的嫦娥怀抱着一只活泼可爱的玉兔。当然，这些都只是人们美好的想象而已，一般人不会认为月亮里确实存在这些人或物。过去很多人都认为月亮只是一面大镜子，在这面镜子中能够显现出地球的容貌。因此我们看到的月亮表面上的明明暗暗的区域是我们地球上陆地和海洋的写照；还有一些人则认为那些暗淡的区域是一

图 30　伽利略

些物体在地球和月球之间运行留下来的，阿那克萨哥拉斯是第一个解释月相和月食现象的。他认为：月球表面有一望无际的平原，也有深不可测的幽谷，跟地球是一样的。

那么，月球的构造真就是解不开的谜吗？当然不是，用一部天文望远镜或者双筒望远镜就可以解开月球的构造之谜。1609 年伽利略用他新制成的天文望远镜对月球进行探测和研究，他通过望远镜看到月球是一个与地球相似的星球，有大片的海洋，也有连绵的山脉。长期以来，人们都认为那些暗淡的区域是有水的海洋，还用这个命名。比如有三个大“海”，分别是雨海，即麦尔 · 伊布利姆；还有澄海，即麦尔 · 斯瑞尼塔蒂斯；还有静海，即麦尔 · 柴奎利塔蒂斯。

地球景观中有水的地方，无论是河还是远方湖泊亦或是无际的大海在太阳的照射下都能反射阳光，水面上映出金光闪闪的点点波光。但是月球在宇宙空间里始终进行着不停的公转和自转，太阳的光线可以从各个角度照射到月球上，但月海却从未反射过太阳的光芒，从未发出过闪烁的波光。所以，通过观察我们知道这些“海洋”根本没有水，我们相信那些被人们看作海洋的只是干燥的沙漠而已。

当时人们为什么把“澄”和“静”选来命名这些假想的月球之海，我们也不难理解了：因为我们一直也没看到过月海里发生过什么事情。“雨海”的确是个不太妥当的命名，因为它仅仅是人们的一个想象的结果罢了。也许早期的天文学家认为有必要把命名多样化吧。

月球上不但没有水，也可以说没有空气或没有任何气体存在。因为我们根本测算不出它的气体的含量。月球从太阳前方经过而形成的日食，能够明显地证明这一论断。就在日食即将结束时的那黑暗的最后时期，也就是光芒四射的太阳就要从黑暗的月球背后探出头来时，如果月球上存在大气的话，就会放射出色彩斑斓的曙光，如同在地球上太阳从丛山后升起时那样的景象。但事实上我们都看到日食后的“日出”从来都没有出现过曙光，仿佛眨眼之间，万丈光芒就从月球后面散射出来。

图 31　现代天文望远镜观察到的月球表面

借助大型现代天文望远镜，我们不仅能够观察到月球景观中的很多细微之处，而且可以进行月球景象的拍摄。因为现代天文望远镜能够很容易地被改装成一架巨型照相机，还可以通过不断地转动天文望远镜的驱动仪表，使镜头一直对准月球的某个具体部位，或对准其他一些我们感兴趣的宇宙天体，所以我们可以把摄影底片曝光任意长的时间都不会影响照片的清晰度，根本就不用担心会模糊不清。

在平常的生活中，我们都能够看到地球上的物体在日出和日落时会投射出长长的影子，太阳升得越高影子就越短。月球上也是这样，所以根据太阳不同时刻的投影的长度就能够测量出月球上山脉的高度。虽然月球直径只不过是地球的 $\frac{1}{4}$，但人们已经发现月球上山脉的平均高度要比地球上山脉的平均高度高一些，很多山脉坡度笔直，而且高达 15 000 多英尺。

与月球亲密接触

迄今为止我们还只是在远处观测月球，现在就让我们踏上飞船去月球上好好走走，与月球进行一下亲密的接触。

飞临月球

我们的飞船应该以至少每秒 6.93 英里的高速飞行，否则的话就会像一般枪支里射出来的子弹一样快速地落回地面。如果飞船正好以每秒 6.93 英里的速度起飞，刚好能摆脱地心引力的束缚，但是脱离之后它就没有什么速度可以飞离地球了，更无法带我们继续前行奔往月球的旅途了。所以我们必须以每秒 7 英里的速度起飞。在摆脱地球引力之后，飞船仍可以以每秒 1 英里的速度飞离地球。这样估计我们在两天之后就可以到达月球了。

只用几秒钟我们就可以穿越地球的大气。在穿越的过程中，所有的空气、尘埃、水蒸气等微粒都会被我们渐渐甩在身后。我们眼前的天空呈现一片蔚蓝，那是因为大气中的这些微粒分散了太阳光线。慢慢地这些微粒的数量就减少了，我们看到天空的颜色如先前所说的那样逐步从蔚蓝、深蓝、深紫直到变到灰黑色。最后全部的地球大气都被我们抛到身后时，除了太阳、月亮和星辰在天空中有光芒之外，其余的每个角落都是一片漆黑。因为能把天空变蓝的蓝色光线不会被从光束中除掉，所以此时我们看到的日月星辰比在地球上看到的要显得更蓝、更明亮。在地球上看到的星星发出的光芒总是那样闪耀不定的，比较柔和，也没有刺眼的感觉，但是，在月球上因为没有任何大气的干扰，星星发出的光束是稳定不变的，而且它们的光线就像尖锐的钢针，使我们的眼睛有刺痛感。假如这个时候我们回头遥望地球，就会看到它有一半左右的表面被薄雾、云霭和微雨遮蔽而显得有些模糊、迷蒙。但月球的全部表面却特别清晰地展现在我们面前，没有任何大气使阳光散射，也没有一点雨雾遮掩着它表面的光芒。

当然，在我们到达月球之后一切仍然还是很清晰，比地球上的一些物体要清透得多。这是因为地球大气能够散发出许多柔和的色彩，使地球的景观更加美丽、迷人：比如日出日落时的耀眼的橙黄与艳红，雾霭中的淡淡的紫红与青绿，白天瓦蓝瓦蓝的天空，以及远处淡紫的层层烟霭。由于月球上没有大气，也就不能把阳光分解成灿烂的七彩，同样无法给予天空明澈的蓝色，不能赋予黎明和黄昏迷人的红色。这里是被白色与黑色占据的时空，阳光下所有的物体都呈现出白色，其余的一切都是黑色。来到这里就如同走进了一间电影放映室，充满能量的太阳好似一盏巨大的灯，是那里唯一的光源。山谷隐藏在一片黑暗里，只有当太阳升到山谷周围的群山当空，它才露出身形，这时山谷里的白天就像突然打开了电灯一样到来了。

踏上月球

由于月球上没有大气，所以我们要是想跨出飞船到月球上四处走走，就必须随身带着供我们呼吸用的氧气，否则我们会窒息；可以这样说，要想在月球上随便逛逛可不像在地球上那么轻松，一定要随时携带攀登珠穆朗玛峰的登山队员带的那种氧气设备。有的朋友说了，背上那么沉重的装备不就会使行走或攀登更艰难吗，事实不是你想象的那样，踏上月球的土地后，我们马上就会发现事实正好相反。月球的质量还不到地球质量的$\frac{1}{80}$，因此月球引力也大大小于地球引力，大约只有地球的$\frac{1}{6}$，所以我们能够背起很重的东西却丝毫不感到费力，相反还可以跳得很高。也就是说，在月球上即使我们身背重物，我们的身体也能很灵活、轻松，任何人都可以轻易地打破自己的跳高纪录。在月球上，一位优秀跳高运动员应该能跳到大约 36 英尺的高度，而一名一般的跳远运动员也能跳出最少 120 英尺远。在月球上打垒球赛会别有一番乐趣，因为球被击中后能飞得又高又远，所以给职业垒球赛提供的投垒间距和场地面积必须是地球上的 6 倍！整个比赛的时间也同样是地球上的 6 倍，而且垒球落地时间也是地球上的 6 倍。就像我们看电影时回放的慢动作一样，如此慢节奏的比赛简直不能称为比赛了。如果我们开枪射击，子弹会射出很远才能落回月球。还记得世界大战中射程差不多达 80 英里的重型武器吧，假使我们把它们架在月球上发射，炮弹就会直人太空再也找不到踪影。当然，月球上不可能放置重型武器，这只是为了说明其他的一些事情会有一样的结果，例如从我们呼吸器里逸出的氧气瞬间就会漂进太空，了无踪迹。

我们的飞船应该以每秒 7 英里的速度起飞才能摆脱地心引力，要不然它就会像一只板球一样落到地面。同样，任何其他类型的发射物也必须以这种速度发射才能离开地球。而空气分子的运动速度极少能达到每秒 7 英里这么快，所以基本上没有空气分子会从地球上进入到太空——这就是地球充满大气的原因。反之，从月球上发射的物体只需每秒 1.5 英里的速度就可以很容易地摆脱月球引力，而多数的空气分子都具有这样的速度，正是这个原因导致气体在月球上不会存在多久。

也正是因为月球上没有大气的存在，所以，海洋、河流及任何形式的水也不能在月球上安身。在一般情况下，水温达到 100 摄氏度时才会沸腾。可是如果你有过到山顶高处野炊的经历就会发现这种现象：在山顶烧水，水比在平原更容易沸腾，这是由于在山顶水的沸点较低，因而液体分子蒸发跑掉的能力就变强了。假设不存在大气压强，那么不管温度有多低，水分子都会全部蒸发掉的。

图 32　月球上的宇航行员

这就是月球上的真实写照。因此我们的月球之旅，就必须随身携带足够用的饮用水，否则想在月球上找到水那就是天方夜谭；在地球上我们可以轻松地用杯子喝水，可是在月球上可完全不是这样，把水倒进杯子，就在我们想喝进嘴里的时候，杯里的水已消失得无影无踪了，水分子会马上挣脱开月球引力的束缚，以很快的速度一个接一个地逃离月球，漫游太空去了。

由于月球上没有空气和水的存在，所以我们根本就寻不到动物、树木或者花草的影踪了。几世纪以来，人们夜以继日地、从不间断地对月球进行观测研究，但是一直都没有人发现过月球上有任何森林、植被和其他生命的迹象。在这个没有生机、没有气息的星球上，如果没有日升日落给它带来的明暗交替和冷热的变化之外，月球简直就是没有丝毫改变。这样看来，月球只不过就是一个死气沉沉的星球，它只是像静静地悬浮在太空中的一面大镜子，或者说像一个巨大的反射器、把太阳光反射到地球上。

月球的景观

也许你会觉得难以理解：为什么月球的景观与地球景观相差这么大呢？是月球的组成元素和地球的不一样吗？还是因为构成元素虽然两者类似，但元素的内在结构完全不同呢？还是因为两者所处的物理环境差异巨大呢？

通过前面的谈论，我们已经了解了地球上的山脉、火山、陨石坑等形成的历程了。地球的生命起源于一团很热很热的气态球，它慢慢经历收缩、冷却、液化的过程，最终变成一只充满液滴和无数气泡的“海绵球”。这只“海绵球”又不断冷缩，气泡逐渐被挤压出来，然后形成了海洋和大气。固体的地壳就这样形成了。但是因为地球起初的剧烈收缩，地壳变得高低不一、起伏不平，于是形成了诸如喜马拉雅山和阿尔卑斯山这样的山脉。最初形成时这些山脉要比现在高出 5 至 10 倍，由于日后的雨雪霜冻的不断侵蚀、风化，才变得没有那么陡峭，看起来相对平缓一些。

月球山脉的形成

根据这种说法，我们可以推断月球山脉的最初形成也是月球不断地冷却收缩的结果。两者不一样的地方就是，从月球内部挤压出来的气体和水蒸气的分子会很快地跑向太空，瞬间就会杳无痕迹，它们不可能以大气或海洋的形式遮盖月球。由于这个原因，月球上从一开始就不可能存在雨雪霜冻的侵蚀使月球山脉变平坦的因素，所以，月球上的山脉从来就没有发生过什么变化，轮廓一直都是那样的清晰、姿态也从来都是如此的高耸陡峭，跟最初形成时几乎一样。

可是我们应该会想到，月球上必然会存在着某种因素使这些山脉这样的清晰、陡峭。由于这些山脉都是断裂的岩层，那么我们推断一定存在某种因素使岩层断裂开。据观测月球的人们透露，他们有时能看到一些尘埃云，它们可能是由于岩石滚落而形成的。因为月球上一定没有雨水、冰川等物质使岩石破碎，那么肯定有别的什么原因在起作用。如果我们置身在月球中，就能很快地知道到底是哪些因素在起着影响了。

图 33　被撞击过的月球表面

天外来物的影响

我们知道一些石质或金属质天外物体的碎片偶尔会冲入地球大气层，它们本身带有强大的撞击力和爆炸力。较小的碎片就像人们喜欢的流星一样清透明亮，在到达地面之前，它们就化成虚无缥缈的尘埃了；但是较大的碎片跟小碎片完全不同，它们可能落到地面给人们带来很多意想不到的痛苦和灾难。

同样，类似的天外物体碎片也会时常地撞击月球表面，但是出现的场景却截然不同。因为月球上没有大气，所以它们的冲击速度不能被减缓，也不能在它们冲到月球表面之前就被化成尘埃，所以一些大大小小的陨星几乎保持原速穿越宇宙的空间直向月球冲去，这种景象如同密密麻麻的枪林弹雨不停地轰击月球表面。很多有关月球探险的科幻小说中都有这样的记载，但是那些作者们似乎都忘了谈到一个情节：此时在月球上探险的人们同样会处在冰雹一样的连续不断的陨星轰击之中。这种经历对于生活在地球上的人来说，不仅刺激而且十分可怕。其实，每天都有上百万颗流星和陨星撞击着月球表面，而且其平均速度可能高达每秒 30 英里，这相当于枪膛里飞出的子弹速度的 100 倍！就算陨星的体积不太大，但如此高的速度也足以令人毛骨悚然，胆战心惊了。因为一个微小的颗粒以每秒 30 英里的速度前行的话，它就会具有时速 30 英里的汽车的能量和破坏力，而半磅重的陨星和时速 700 英里的皇家战斗机的能量相差无几。假设这颗陨星亲吻地面，那么一幢房屋瞬间就会化为平地。说到这，亲爱的朋友，你是不是感受到生活在地球上的幸运和福分了呢。地球大气层给地球居民的恩惠实在太多，正是它才使我们逃离了这样的惧怕和苦难。现在我们能够理解月球尘埃云与岩石坠落形成的原因了吧，那就是陨星的作用。

月球表层物质

人们常常猜想月球上那些引人注目的环形山大概是陨星坠落形成的吧。当然，有些陨星的确能形成一些小陨星坑，但这不是所有环形山形成的单一原因。假设所有的环形山都是由陨星撞击形成的，那么它们应该和地球上的陨星坑相似才对。可事实上并不是这样，月球上的环形山在很多方面都与地球陨星坑存在很大差别。月球上最大的环形结构往往比地球上所发现的任何陨石坑都大得多，形状也更规则一些。由于陨星是从不同角度撞击到地面形成陨石坑的，所以陨石坑的形态应该不是很规则的，也会有不同的倾斜度，但是月球上所有的陨石坑形状完全相同，都是正圆形的。因此我们可以推断出它们不是被月球之外的物体撞击形成的，而是由于月球内部物质的运动导致的。月球上许多陨石坑中间部分都呈突起的形态，有点像地球火山的火山口。这好像给我们提供了一点暗示，它们可能是由于某种火山运动而形成的。简单的说，它们很有可能是火山喷发后形成的火山口。

月球表层主要是由火山群和熔岩、火山灰等喷发物构成的。在地球上，火山喷发物经过空气、雨水和冰霜的共同作用逐渐分解形成土壤，这些土壤是养育万物的最好肥料。但是在月球上却没有任何物质能把火山灰变成土壤，因此它们永远以熔岩和火山灰的形式覆盖在月球表层。

月球表面温度

下面，我们用科学的方法来证实这个推测。设想一下某次日食发生在我们月球旅行期间，那么我们会有什么样的感觉和发现呢？

首先给我们的最强烈的感觉一定是特别冷。我们都知道在地球上发生日食时，太阳会被忽然遮挡住，气温就会变凉。但由于地球大气和土壤都可以储藏一定的热量，所以我们的身体才不会有大碍。在月球上，没有大气储存热量，而且月球上的土壤也基本上不能储存热量。这是由于火山灰导热性能很差，如同裹在热水管上用来防止散热的石棉一样，阳光的热量都被阻隔在外面，不能进入土壤里面储存起来。即使月球内部有很多的自身的热量，我们也几乎不怎么受用，因为月球土壤层也像厚厚的石棉板一样，那点热量都被它阻隔在里面了。因此，当太阳的光和热被挡住时，气温会发生很大变化，可能刚刚还是阳光普照的炎热，马上就变成冻得人战栗的严寒了。

天文学家们用一架安装了“温差电偶”的天文望远镜测量其温度，用望远镜对准某颗星星或月球表面的某一点就可以测量出日食不同阶段时月球表层的温度变化。测量的结果让人很震惊，不论从温差数字看或者从变化速度看都是极其惊人的，从约 200 华氏度很快就降至零下 150 华氏度。

这样剧烈的降温完全可以证明：月球内部虽然储存些热量，但几乎都不能到达月球表面。通过这点我们可以知道月球表层一定是热的不良导体。准确的研究结果显示，月球表层只具有与火山灰一样微小的导热能力。

在月球上，每一天的日出日落同样能使温度发生很大变化。当然，其变化速度不会像日食时那样惊人。日出前月球的气温可能只有零下 250 华氏度；等到正午时，气温可能上升到 200 华氏度，这个温度可能是使水沸腾的温度。即使温度变动的幅度这样大，但月球内部的温度却能永远保持相当稳定，这主要是月球表层大片大片的火山灰在起着作用。如果我们向地下约一英寸深挖一个小洞，就会发现那里的温度长时间保持在几乎接近冰水的温度。

月球表层的成分

人类对月球探测和研究的脚步一直没有停止过，人们曾经设想月球是由各种各样的物质如冰、雪、岩石、银组成，甚至还存在像干酪一样的绿色物质。但是我们凭目测是不能完全准确得出一种物体的构成情况的。因为许多物体看起来差不多，但是它们内部的结构与表层却有着天壤之别。例如钻石和人造宝石、真珍珠和假珍珠，你很难凭肉眼就把它们分辨出来。但是如果我们用不同的色光照射目标物体同样进行观察，就能看得明晰多了。例如，在一种色光下看起来差不多相同的两个物体，在另一种色光下看时就会有截然不同的状况。

现在我们可以利用分光镜来做个实验进行观察。分光镜能把普通光分成七彩，所以我们可以分别运用不同的色光进行观测。这样，我们就可以领略到不同色光的不同精彩了。我们可以打个这样的比方，比如在一场汽车肇事的事故中，法官大人会让证人分别出庭作证陈述自己要说的：首先由警察叙述事故案情，和他逮住那个违章驾驶的肇事者的详细经过；之后目击证人出庭讲述他们各自目睹的事故经过；随后车主叙述他的遭遇，等等。如果这些证人同时在法庭上叫嚷，法官就无法听清任何一人的陈述，当然更不能断定出真相了。同样的道理，我们从宇宙空间接收到的不同色光发出的信号就能知道其光源物质的性质，而分光镜可以帮助我们"享受"到这些有趣的"故事情节"。

也许两种不同的物质在很多色光中都看似相同，但总会在某一种色光中显现出一点差别。因此，如果两种物质在所有色光中都一样，在整个光谱范围内发出的信号也类似的话，那么，我们就可以十分肯定地说，它们属于同类物质。

如果我们用红外线和一般光拍摄同一风景，你会发现呈现在两张照片上的很多物体是有差别的，这说明它们的构成一定不是单一物质，而是由多种物质组成。但是当我们用一般光和红外线，还有另外各种色光来拍摄月球，月球各部分发出的信号却都是相似的。因此，我们可以得出结论：月球表层各部分的组成物质几乎相同。同样的道理，如果我们能在实验室里发现有些物质在各种色光中发出的信号都与月球表层发出的信号相似，那么我们就可以得出结论，这种物质的结构与月球表层的物质结构相似。

人们利用一种更深入、更具技术性的研究方法能够得出更精确的结果。光线不仅可以被分成不同波长的波（例如在地球上可分成七彩色光），而且还可以被分成向不同方向振动的波。我们可以用现实中的一种现象来说明，当我们用琴弓拉奏小提琴时，它的琴弦会或多或少地向琴弓拉动的方向振动，其振动方向与琴身平行。但如果我们用手拨弄琴弦，弦会向我们弹拨的方向振荡，振动方向可能与琴身垂直。这时，琴弦奏出的声音与前者没有差别，但琴弦的振动方向与前者却是不同的。

光波的振动方向还受其他原因的影响，比如当光线被物体反射时，光波在空间的振动方向就会发生变化。物体的性质在很大程度上影响着光波转向的幅度。所以，我们能够通过测量光波振动方向的改变及其幅度来辨认物质。当然，在确认月球的物质构成之前还需要做一项很重要的工作，就是先测试一下我们所研究的物质改变光波振动方向及幅度是不是和月球表层物质所改变的相同。这项测量工作很重要，也很有说服力，因为我们不仅能检测出在不同色光中该物质发出的信息，而且还能检测出不同色光向不同方向折射的角度。

图 34　月球上的代达罗斯陨石坑，位于接近月球背面的中心的，它的直径有 93 千米

进行了一系列严格的测量之后，只有火山喷发物和火山灰特别成功地通过了这一检测。除了靠近亚里士多德陨石坑的一小片区域之外，月球表层其他部分所发出的信号与火山灰的信号在各个方面都是完全一样的。那例外的一小片地方在紫外线下呈现的是黑色，但在普通光下那里与其他区域看不出有什么差异。这片小区域的信号与撒了薄薄一层硫磺的火山岩是相同的——而硫磺是地球火山喷发物中很常见的组成物质。

总之，月球表层的组成成分非常有可能就是火山灰。无论在一种色光还是在所有色光中，月球表层好像都是由火山灰组成的；不论在一种色光还是在全部色光中，月球表层物质改变光波的振动方向、幅度都和火山灰完全一样；它微弱的导热能力也和火山灰一样；并且最后一条理由是，被人们确认的火山脚下分散着类似月球表层的灰状物质。

第五章

“无家可归”的孩子——行星

太阳系里的各个星球都有着不同的“危险带”，它是恒星拥有行星、行星拥有卫星的根基。我们逐个考察了九大行星，除了地球，其他的都不具备生命存在的气候条件。

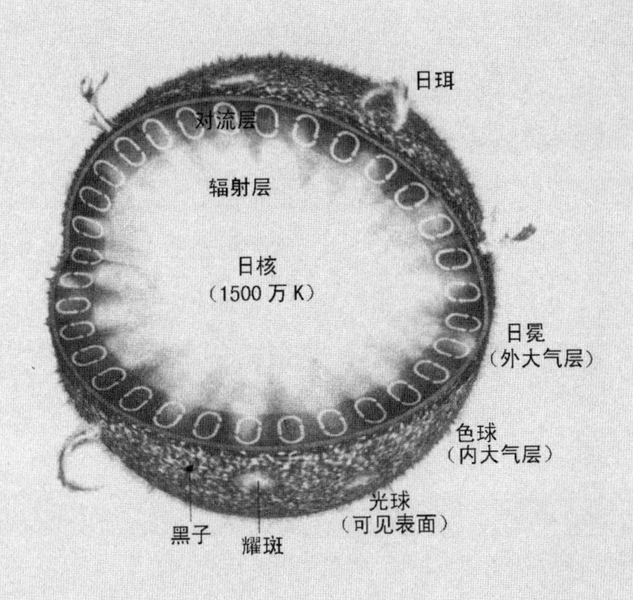

太阳系简介

太阳系有九大行星，地球是其中之一，它们围绕着太阳，有规则地运动着。除了地球，另外八大行星里有 5 颗行星人类在远古时期就已经发现了。剩下的 3 颗行星距离太阳最远，相对来说较晚才被发现。

这九大行星在体积上的大小有很大的差异。距离太阳最近和最远的行星在体积上是最小的；靠近中间位置的行星，如木星和土星的体积是最大的；在最正中的木星是九大行星中最大的一个，它的直径达到 9 万英里，体积相当于地球体积的 1 300 倍。如果将木星以某一比例缩小到一个足球的大小，相应缩小了的地球就只有一个玻璃球那么大，火星就只比一颗豌豆稍微大一点点。

如果我们以一定的比例缩小九大行星和太阳之间的距离，让离太阳最近的水星（它绕太阳运行的轨道不是圆的）在距离太阳最近的时候只 20 英尺远，那

图 35　八大行星

么地球距离太阳就是 50 英尺远，距离太阳最远的行星冥王星，它围绕太阳运行的轨道半径就是半英里。

我们知道太阳系的构成主要是辽阔的空间，但是假如把太阳系的辽阔空间和天空的辽阔空间比较一下的话，那将是小溪和海洋的差别了。假如我们继续采用上面的比例来描绘我们自己的样子，那么除了太阳之外，离我们最近的恒星最少也得 3 000 英里，由此可以见得，宇宙空间的庞大是难以估计的。

九大行星环绕太阳运行均沿着相同的方向。和我们的所见相同，它们几乎在同一水平面上，相互之间均沿着“单行道”的交通规则运行着。除了距离太阳最近的水星、金星以及距离太阳最远的冥王星，其他的行星都拥有一到多个不等的卫星。在中间位置的体积庞大的木星和土星，它们每个都有至少九颗卫星，也可能更多一些。鉴于利克天文台的杰弗博士近来又发现了一个围绕木星运动着的小型物体，他认为那是木星的第十颗卫星，它的直径只有几英里那么大。

所有卫星没有例外地都沿着相同的方向围绕着它们的行星运行着，同时行星本身也围绕着太阳运行着，它们差不多都在一个水平面上。

不算这九大行星和它们的卫星，太阳系还存在着数以万计的星体，比如小行星之类，它们同样沿着相同的方向绕着太阳运行。到 1933 年末，人类已经发现了 1264 颗类似的星体。除此之外，还包括很多数量的彗星，同样在绕着太阳运行，保持着相同的方向。“单行道运动规律”在整个太阳系里保持着统一。这样的话，怎样实行这个运动规律呢？需要怎样指挥“交通”并且保持顺利运行呢？

如果让九大行星各自分离，使其独自生存，那样的话，每个行星都将保持匀速直线运动，而且用不了多长时间，它们都将在宇宙的深处失去踪影，结束生命。在地球上生存的我们，会感觉到自己正在以每秒 19 英里的速度在寒冷的外层空间中运行。然而，在第一章中我们讨论过的历史书里告诉我们，一定存在着某种东西掌控着我们的地球，不然的话，地球一定在很久以前就在茫茫宇宙中消亡了。就好像我们看到一匹马，它围绕在赶马人的身边，一圈圈地在草原上跑着，这说明有一种控制马的东西存在。

这种“东西”就是太阳，它依靠我们所说的引力掌控着地球。你可能还记得，

牛顿是怎样观察到苹果落地的，牛顿认识到地球是不是也在吸引着处于它的地表上的所有物体（如苹果等）？那么它是不是也吸引着处于地球外层空间的东西（如月亮等）？地球吸引远距离的物体和近距离的物体所用的力相同这一观点，牛顿并不赞同。恰恰相反的是，他认为地球对一个物体的吸引力和它们之间的距离的平方成反比。

如果确实如此的话，那地球对月球的吸引力是多少我们就可以很轻松地计算出来了。月球到地球中心的距离是我们自己到地球中心的距离的60倍，也就是说地球对我们的引力是对月球的引力的3600倍。靠近地球地表的物体在1秒内向地球下落可以达到16英尺，但是如果是月球表面的东西（包括月球本身），它们在1秒内向地球下落的距离是地球表面的物体下落的距离的$\frac{1}{3600}$，换算一下，也就是1英寸的$\frac{1}{20}$。就算地球对月球的吸引力很小很小，可是它却可以让月球精确地沿着自己的轨道运行，而不会让月球跑到太空中去。虽然月球保持着每小时2300英里的速度运行着（这个速度差不多是一辆特快列车的40倍），但是因为月球沿着轨道不停地运行着，而它向地球方向移动的距离非常微小，这就导致了月球到地球的距离到现在也和1000多年前几乎没有任何差别。

地球的引力可以让月球沿着固定的环形轨道环绕地球运行，和这个原理相同，太阳的引力也可以让地球和其他行星沿着圆形或近似圆形的轨道环绕着自己保持运行。我们可以把每一个行星看成是系在绳子另一端的围绕我们的手做圆周运动的东西。我们的手就好比是太阳，绳子上的力就好比是太阳的引力。物体围绕着手旋转得越快，绳子上的力就越大。根据现在的观测，我们知道太阳系中距离太阳最近的行星环绕太阳运行的速度要比太阳系中距离太阳最远的行星环绕太阳运行的速度快许多。这也就得出一个结论，太阳对处于自己近旁的行星的吸引力比对处于自己远方的行星的吸引力要强大许多。这恰好和牛顿的万有引力定理相契合，即引力的大小与距离的平方成反比。决定行星运行的速度和距离的也正是这个定律。为了让自己的引力能精确地保证自己的自转和公转，所有的行星都在不断调整着它们的速度和距离。

水 星

水星绕太阳运行一周用的时间比冥王星用的时间要少许多。实际情况是，水星绕太阳运行一周要花费 3 个月的时间；冥王星绕太阳运行一周要用 250 年，是水星的 1 000 倍。所以冥王星看起来就好像总是停留在天空中的某个位置，保持静止一样。同样的，其他的行星绕太阳运行一周所需的时间均在这两个极端行星的公转周期之间，也就是水星和冥王星的公转周期之间。金星绕太阳一周大约需要 7 个月，地球是 1 年，火星需要将近 2 年，木星大约在 12 年，土星则需要 29.5 年。

太阳就好像一个大火球，不停地向自己的四周围散发着光和热，而九大行星就好像它的卫兵一样围绕着这个大火球一圈圈地巡逻着。距离太阳最近的卫兵当然是热得最难受的那个；而距离太阳最远的卫兵又觉得非常寒冷，除非它能有用来保持自己气温的热量来源，不然如果只是仰仗着太阳带给它的那丁点

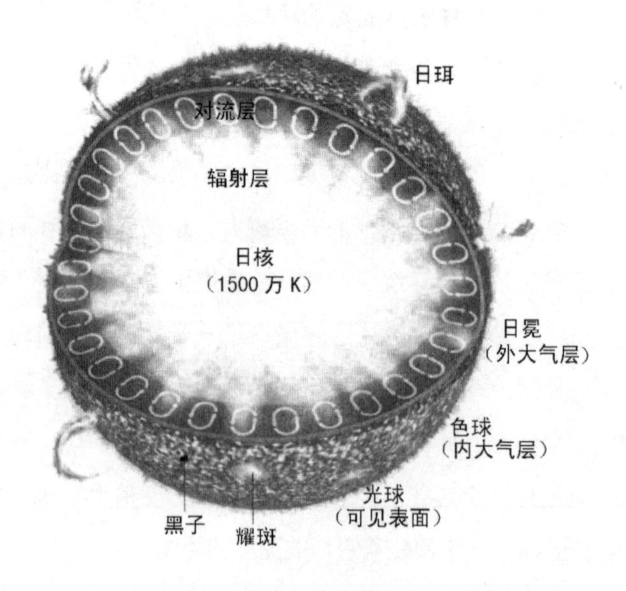

图 36　太阳的结构

儿热量，它将永远处于寒冷的境地。

如果行星没有自己的内部热量来补充，那它接收到的太阳热量将会以很快的速度又散发到太空里。要想计算出行星吸收的太阳光能是很容易的，不过行星散发到太空里的能量取决于它本身的温度。它表面的温度越高，发散的能量就越多。自身内部没有热量供应的行星，从太阳那里吸收的能量和向太空中发散的能量恰好相等。假设一个行星保持快速运行的速度，那么这个行星表面的温度大约是保持不变的。这就好比是在火上烤羊肉一样，不断地移动运行，羊肉本身的受热就可以保持均匀。其实绝大多数行星的自转速度都很慢，这也是导致面向太阳的一面的温度要高于背对太阳的那面的温度的原因，最终显现出的就是行星晚上的温度要比白天的温度低。行星表面的温度，在不同的位置也是不一样的，一般都波动于平均温度上下。

我们可以很容易地计算出地球吸收的太阳能量。为了把这些能量重新释放到天空中去，地球表面必须具备 40 华氏度的气温条件，这个温度正好高于冰点。而且我们必须把地球看成是一个没有大气层的坚硬的黑色球体。在一定范围内，限制了条件之后，我们发现通过计算得来的地球平均温度比实际观测到的平均温度要低，实际观测到的是 57 华氏度。这就表明地球的热量并不是全部得自于太阳，地球本身肯定存在着内部热量的供应渠道。这些热量也许来源于地壳中的一些放射性物质。这些知识我们在本书的第一章中已经做了讲解。

按照相同的计算方法，我们可以计算出其他行星的平均温度，不过同样需要假设一下。假设这些行星获取热量的途径只来源于太阳，没有自身内部的热量供应。八大行星的温度，在水星的平均温度 343 华氏度到冥王星的平均温度零下 380 华氏度之间，不断改变着。很有意思的是九大行星平均温度的计算值和实际观测到的数值非常契合，这就表明了八大行星差不多都没有来自它们自身的热量供应，它们全部的热量来源几乎都取决于太阳的电磁辐射。

温度最特殊的是距离太阳最近的水星。观测计算结果可以发现，如果水星快速旋转，那么它表面的温度可以保持在 343 华氏度不变；如果旋转速度变慢，那么它表面的温度会在 343 华氏度上下波动。处于特殊情况下的水星，也就是当它的一面始终面向太阳，另一面始终背对太阳的情况下，向阳那一面的温度会比 343 华氏度要高很多，背阳那一面则会比 343 华氏度低很多。根据计算结果还可以得出：因为太阳直接照射，水星向阳面中心位置的温度将达到 675 华氏度。就目前的观测结果来看，水星向阳面中心位置的温度和计算结果非常契合，这也就可以证实，和月亮总是保持永远朝向地球一样，水星总是保持一面朝向太阳。也就是说水星的一面永远是白天，另一面永远是黑夜，一直保持。永远是白天的一面，它的温度就永远保持 675 华氏度，而如此高温下任何大气都不可能会存在。因为水星的重量只是地球的$\frac{1}{25}$，所以它的引力也远远小于地球的引力，它表面上的大气分子或者所有抛射物都将以每秒 2.25 英里的速度向浩淼无垠的太空飞去。假设水星的表层存在大气层，那么水星向阳那一面的气体分子会在不断运动中持续高温，而气体分子就会散播到太空里去。从外表来看水星就像一个黑色的盘子，这就表明水星没有大气层的存在，这样也就不可能看见反射的太阳光。

因为水星处于距离太阳近旁的位置，所以它也就被太阳的光芒完全掩盖住了，就是处于最有利的观察时刻，要想观察到水星表面的景象也是很困难的。不过和月球表面的那些特殊醒目的标志一样，我们还是可以看到水星上的一些恒久不变的特殊景象的。通过仔细精密的分析从水星上反射回来的光线，我们发现水星的表面可能和月球的表面很类似，高低错落的火山灰和尘埃可能覆盖着它的表层。

金　星

金星是离太阳第二近的行星。它和我们的地球存在很多相同的地方，从某个角度来说，它可以算做是地球的双胞胎姐妹了。它的直径是 3870 英里，约等于地球的直径 3960 英里。不过金星上面物体的密度要小于地球上物体的密度。

金星上物体的平均密度是水密度的 4.86 倍，而地球上物体的平均密度是水密度的 5.52 倍。为此，金星的总质量比地球要轻 19%，它表面的引力比地球表面的引力小 15%。当金星表面上的气体分子或抛射物达到每秒 6.3 英里的运动速度时，这些气体分子或抛射物就会摆脱金星的引力，抛散到太空中去。而在地球摆脱引力的速度要达到每秒 6.93 英里。

因此这两颗星球有着显而易见的相似性。要是说不一样的地方，那就是和地球相比，金星离太阳更近一些。通过精密的计算我们发现：金星上的平均温度比地球上的平均温度大约要高 90 华氏度。然而，即使处于这个温度，水仍然可以以液体形态存在。同时金星同样可以保持大气的存在，因此我们依旧怀着美好的期待，希望在金星上也可以发现地球拥有的大海、河流、大气、云层和暴雨等自然景观及自然现象。

我们可以肯定金星上存在着大气层和云层，这毋庸置疑。这是因为当金星在极少数的情况下穿过太阳前方时，它表面的反应和没有大气的水星和月球相比有很大的不同。当金星进入或离开太阳明亮的一面时，我们看到的是一个有着梨形轮廓的闪耀着光芒的黑色圆盘，而不是一个清晰明显的黑色圆盘。闪着光的轮廓是由于它的大气层反射了太阳的光而形成的。根据目前的观测情况表明：金星周围完全由云层覆盖，厚度很大，永远存在。我们没有办法透过如此厚的云层去探知金星的表面情况，即使采用可以穿透云层的红外线也不能实现。

我们分别用红外线和紫外线两种光线去拍摄金星，可以发现这两张照片在性质上没什么不同。在紫外线拍摄的照片上呈现出很多黑色的斑点，不过这些斑点也不是总是存在的，它们有可能是云和雾的影子。如果它们是存在于金星表面上的固定景观，那在红外线拍摄的照片上也应该可以清晰地看到。因此我们曾经认为透过云层去观测金星表层上任何固定景物的想法是行不通的，必须放弃。

我们很容易就可以分析出来，金星周围包裹着厚厚的云和雾。因为它的表面温度非常高，这就使得它表面上的水都保持着气态的形式存在，水的总量和地球上的相比要多很多。然而无论因为什么，云层的存在是可以确信的，如果想详细研究云层下面的存在，这几乎是不可能实现的。如今的我们，只是初步调查了金星的表面云层和雾层以上的平流层。

通过了解穿过地球平流层的太阳光线，我们可以研究地球平流层的构成。我们发现平流层筛选掉了太阳光中有些波长的光波，根据这一发现，我们可以设想一下，在平流层中存在着臭氧。

运用类似的方法，我们对金星进行了研究。我们了解到金星的光实际上是两次穿透金星平流层的太阳光，也就是说，一次是太阳光射入金星的云层，另一次是从云层中反射出来进入我们的眼睛。我们把金星的这种光和太阳直接到达地球的光相比较，经过研究发现来自金星的太阳光中有些波长的光已经消失。也因为这些光的消失只能发生在金星的平流层中，因此我们也就可以推测出金星平流层的构成。

地球的平流层和金星平流层在构成成分上的差异是显而易见的。金星上并没有清晰可见的大量水蒸气，或许这并不是出乎意料的。因为在地球的平流层中水蒸气也并没有太多。其实，它们之间最明显的差异是金星的平流层里几乎没有氧气。

氧气存在的重要性是毋庸置疑的，因为很多化学物质都容易和氧产生化学反应，比如我们很常见的铁的生锈腐蚀和燃料的燃烧现象等等。让人感到不可思议的是，到如今，地球的大气层里还是存在着大量的氧气。这当然主要依赖于覆盖在地球表面的大量植被所进行的光合作用，绿色植物源源不断地向地球大气中释放着氧气。植物肩负着氧气加工厂的重大责任。金星表面没有氧气的可能性很大，这是因为金星表面没有植被，这就意味着它缺少氧气再生的源泉。

我们首先分析一下月球和水星表面的物理环境，以便有助于推测金星表面的物理环境。在月球和水星的表面，我们可能会发现干燥的岩石和荒漠。这些荒漠的形成是由于太阳持续的烘烤和背阳的一面持续的严寒，但是它们一点儿也没有受到风和雨的侵蚀。金星的表面同样有岩石和荒漠，不同的是可以确信这些荒漠并不干燥，最起码要发生一些改变。如果到了金星和我们地球一样自转的时候，我们就可以确信一件事情：与地球一样，金星表面也会产生风，产生干湿季节等自然现象。不过，我们已经看到的事实是，水星总是保持相同的一面朝着太阳旋转，那么金星也很可能是这样，总是以相同的一面朝着太阳，也有可能是以非常缓慢的速度像地球一样自转。也就是说金星可能总是一面永远是白天，另一面永远是黑夜，也可能是以非常缓慢的速度更替着昼与夜。金星在这两种情况下，有可能不存在什么风和雨，只是持续保持着一个永远潮湿、酷热的气候。

金星的表面和某一时期的地球存在很多相似的地方，这一时期是远古时代，也就是生命刚刚开始出现，继而改变地球表面的景观和大气组成的时候。我们乘坐着“时空穿梭机”回到了过去，一定可以看到，地球要比现在热很多。这些热量一部分来源于地球的内部，另一部分来源于太阳，只不过那时侯的太阳要比现在热很多，所以太阳有着非常丰富的热辐射供应。现在的金星显现出来的可能正是地球早期的样子，而未来的金星或许会踏着我们地球现在的历史足迹继续前行。即使是现在，金星上依旧没有植物生存，不过或许随着它的不断变化，那里极有可能会有植物陆续出现，同时向它的大气层中释放氧气，到了最后就可能会有更高级的生命体出现了。鉴于我们对生命的本质和特性了解得并不透彻，就目前而言，我们对生命起源所发表的一些言论其实都是大胆的设想和猜测。生命在金星上或许会以完全不同的形态出现，也有可能永远不会在金星上出现。事实上，我们并不清楚这些，所以我们不能去随意地揣测。

火 星

我们继续遨游着太空，从远离太阳的地方，经过我们早已熟悉的地球继续向前，这时候我们就来到了地球的邻居——火星。如果我们把金星比作地球的双胞胎姐妹，那样的话火星就好比是地球的小兄弟；如果把金星比作地球温暖的姐妹，那样的话火星就好比是一个冷酷的兄弟；如果说金星映照着地球遥远的过去，那样的话火星就可能预测着地球无限的未来。

由于火星的直径只有地球的$\frac{1}{2}$，重量只有地球的$\frac{1}{10}$，因此火星无论是在体积还是质量上都无法和地球与金星相比，它的密度也比地球和金星小，这样的话它的引力也就更小了。用一样的力我们在火星上跳的高度是在地球上时的3倍，跳远也可以达到地球上的3倍，同样的力在月球上跳的高度和远度是地球上的6倍。火星上的大气分子或抛散物要想摆脱火星对其的引力，飞到太空里，只需要有每秒3.1英里的速度就可以办到。而在地球上，则需要达到每秒6.93英里的速度才可以。如果火星处于目前水星的位置上，那它的大气分子将会逐渐被加速到每秒3.1英里，致使它的大部分甚至是所有的大气分子都将会消失在茫茫的太空之中。火星离太阳越远，它就越能改变这种宿命，虽然那样的话它的大气层会越变越厚。利克天文台用紫外线和红外线拍下了火星的照片。我们将这两张照片重合，就可以马上看到，用紫外线拍摄的照片很明显要大于用红外线拍摄的照片。这之间的差距正是由于火星大气层的厚度引起的。

和我们对金星的观测一样，我们看到的火星表面的光在火星的大气层中同样经历了两次穿越。因此我们同样寄希望于从它的光谱中找出消失的波段，进而从中推论出火星大气层的构成。然而当我们分析它的光谱的时候，就可以发现它的光谱中几乎没有什么波段被过滤掉。威尔逊山的天文学家用十分尖端先进的设备对火星大气层中是否存在着氧气和水蒸气，做了精密仔细的研究探讨。他们没有发现火星上存在氧气，而且认为火星表面每平方英里面积中的氧含量还远远比不上地球表面相同面积里氧含量的千分之一。

虽然有一些证据可以显示火星上还是有一些水蒸气存在的，但是经过分析，还是没发现火星大气层中水蒸气存在的直接证据。和我们的地球一样，火星也存在冷热季节的变换。我们还发现它表面上的某些地点是随着其季节变化而相应地产生规律性的变化的。例如覆盖在两极地区的白色极冠只存在于寒冷的季节，而在温暖的季节里就消失不见了。白色的极冠通常都被假设是冰或雪——也可能是空气中的冰晶颗粒形成的云，亦或是它的表面上所覆盖的雪——就算

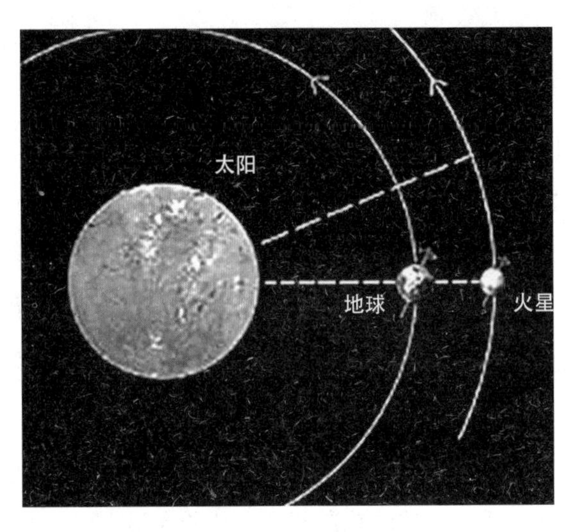

图 37　火星

或许它只是由二氧化碳或其他物质构成的雪，而不是凝结的水蒸气。

人们还注意到每当到了火星的春天，就会出现黑斑，等到了秋天就又消失不见了。这种现象主要体现在赤道和南半球，一开始人们觉得这些黑斑是海洋，不过到目前为止，已经否决了这一猜测。有一个原因是它的色彩的变化过于频繁。比如根据已知的了解，有一个黑斑在短短的几个月时间内就由蓝绿色变成了类似巧克力一样的棕褐色，接着又变回了黑色。和月亮上假设的海洋很类似的是，这些黑斑同样不反射阳光。天文学家曾经一度认为它们大约是森林或大片的植被。后来又采用和考察月球表面的同样的方法对火星的表面进行了考察，从而发现火星表面的构成似乎和月球表面的构成有很类似的地方，那就是火山灰或类似的一些物体。因此黑斑可能是非常干燥的地表淋了雨之后造成的，就和月球上一样。

如果我们乘坐航天器飞到火星上去，那么我们随身携带着空气和水是很有必要的，因为我们需要做好最坏的打算，以便来应付极其险恶的气候条件。

火星上的昼夜和四季和地球有很大的相似度。它自转 1 圈需要花费 24 小时 37 分钟，所以它的一天会比地球上的一天稍微长一点点。而又因为它中心轴的角度为 25 度 10 分，比地球的 23 度 27 分略微斜了一点点，这样的话我们就会发现火星的四季比地球的四季划分得更清晰，冬天和夏天的差别也会更大。当然影响火星季节的变化还有一些其他的原因。

地球绕太阳运行的轨道虽然不是正圆，但是也接近圆形。因为它和太阳的距离在 12 月要比在 6 月时少了 3%，所以我们北半球的人们在冬季的中期距离太阳最近，而南半球的人们在夏季的中期距离太阳最近。距离太阳远近上的细微差异，导致地球上北半球冬夏之间的差异减小，而南半球冬夏之间的差异变大。所以我们要想亲身体味一下极端气候的感觉，需要到南极去，而不是北极。

然而地球与太阳之间距离的变化还不足以影响我们的生活。但是在火星上就不同了，它的轨道没有地球的轨道圆。地球和太阳距离远近之差不到 300 万英里，而火星和太阳的距离远近之差却有 2 600 万英里之多。这就导致当火星靠近太阳的时候，整个星球上的气温变得非常温暖；而远离太阳的时候，整个星球上又变得非常寒冷。火星离太阳最近的时候就是它最热的时候，在南半球的夏季中期。所以我们也可以知道，在火星上和在地球上相同的是，恶劣的气候总是出现在南半球，其变化的幅度也要远远大于地球上的。

如果有朝一日我们真的搭乘航天器到火星上去，我们大可对它的热源充分地利用。然而就算是那样，用不了多久，我们就会发现资源的紧缺。鉴于这个情况，我们可以在火星离太阳最近的时候登陆，这也正是火星最温暖的时候，我们同时可以选择在午间时分在赤道南边登陆。这里的气温可能会达到 60 华氏度以上。不过就算是遇到晴朗温暖的气候，寒冷也会伴随着夜晚到来。这是因为火星上空没有足够厚的云层和大气层以保持自己的温度。所以等到阳光一消失，火星就会迅速变冷，就像处于地球上的沙漠里一样，而且只会比那里更严重。在太阳落下之前它的气温很可能会下降到零度，而等到太阳再度升起之前气温可能下降到 -40℃。

火星可以保证的最好天气就是这样了。等到火星运行到离太阳最远的时候，整个星球上的气温还会有很大幅度的下降，我们如果想在它上面发现一个气温在冰点以上的位置，根本无法办到。

我们已经看到了，火星表面与月球表面有很大的相似处。这就是说，当我们从到达火星的登陆舱里出来的时候将要看到的自然景象应该会和在月球上所看到的差不太多。我们基本上不要抱什么希望，希望能在火星上看到地球上存在的任何植物。这是因为，在地球上生存的植物比在火星上拥有更多的水分供给，也释放出更多的氧气。

那我们到底会不会遇到火星人呢？这个问题总是可以让大家情绪激昂，兴趣倍增。

1877 年，意大利天文学家斯基亚帕雷利用小功率望远镜详细地观察了火星，之后他宣称，火星上除了有看上去像海的大片黑斑之外，还存在着更细的条纹状痕迹，这就是他用意大利语所说的“运河”。他说的这个意大利语单词的意思是“水道”，就和威尼斯的大运河和其他运河等水道一样。可是这个词语在英语里并不是运河的意思，不涉及笔直的水道是否是人造工程，可是当他的言论被翻译成英文“运河”的时候，就已经引发了人们的议论：因为如果存在着运河，那么一定是人为的工程。对于这个问题，人们到现在还在争论不休。

近来，对于这些水道或运河到底存不存在这个问题，人们已经产生了怀疑。天文学家观察火星看到了两种不同形态的斑痕，这是可以确信的。而这两种东西可以分别从“主观”和“客观”来描述。在光线不足的情形之下，人们睁大双眼，竭尽全力观察一个物体的时候就会看到理想中的直线将阴影连接起来，这或许只是一种错觉。我认识的一位天文学家就是这样解释这个现象：他把一张发亮的火星照片放到他的花园一端，然后让他的朋友用小望远镜观察。绝大部分人都说，他们看到了清晰的线条，就像是火星上的运河一样。要想解释为什么会这样，其实很简单——那是因为在光线比较暗的画面上，要把眼睛睁大才能够看清它的细微之处，可是这也就带来一个弊端：因为太费力气地去看，效果却适得其反，人们看到了本来并不存在的线条。另一位天文学家抹掉火星图片上的运河，然后让一个班的男生将他们所看见的东西画出来。坐在教室后面的学生在画上画了许多运河，这正和天文学家们之前画出来的惊人地相似。又因为男生所画的是他们理想化了的线条，我们也就有理由认为天文学家所看到的线条其实也有很大的成分来源于假设。

那些说自己看到了火星上的运河的天文学家们，他们经常把运河用直线展现在地图上。但是显而易见的是，先不说这些线条本身是不是直的，它们要想在火星的任何位置上都呈现出直的状态，是绝对不可能的。在火星的一个位置上，看起来是笔直的运河，当它自转到一个新的位置的时候，因为火星自身表面上的弧度，所以这条运河一定会变成弯曲的。这似乎可以证明运河其实主要是人们主观上的幻觉所致。而且在那些表面上不可能存在运河的星球（如金星、水星、木星的卫星）上也能够看到相同的线条，可是金星有厚厚的云层包裹着，水星上的水会沸腾，木星的卫星上的水会结冰，这就证明这些星球上是不可能存在运河的。这也佐证了火星上不可能存在运河的猜测。

相机拍摄的照片经常被最后拿出来做证据。虽然在火星的照片上有很多清晰的黑斑，但是这和真正的运河并不相同。或许作为结论性的证据这还不够资格，由于摄影技术等各方面的原因，照片并不能细致精准地记录斑痕；又或许如观察运河的人们所说的一样，对于这些斑痕的观察或许还是要眼见为实，这是最好的选择。

总结一下我们得出的结论：大部分的证据和天文学家们的观点都否定了运河的存在，当然这并不能说明火星上没有生命的存在，不过我们最起码不会因为这就去坚信火星上存在着生命。

因此如果我们下定决心要登上火星，至少我认为大家在会遇到火星人这个问题上不必有什么害怕的，你看到的是荒无人烟、条件险恶的沙漠的可能性或许更大一些。那里的气候变化差异会非常大，虽然没有月球上那么明显，不过在某些方面可以说比月球会更糟糕，这是因为火星上的热度一次只能维持几个小时。

小行星带

当我们离开了火星，继续向太空深处遨游，我们将会发现，需要行进很长的一段路才能够抵达下一个行星——木星。因为这路上会经过前面提到的小行星带，所以还可能会遭遇一些不可知的事故。其中最大的谷神星的直径只有480英里，还没有月亮直径的$\frac{1}{4}$大。要想观察到最小的小行星的大小，这只能取决于望远镜的功率了。一定还有数以万计个更小的小行星，不过因为它们实在是太小了，我们在地球上是观测不到的。当火箭从火星和木星之间穿过时，在浩淼茫茫的太空中我们或许可以观察到许多的小行星。

在太空中，很多小行星都是旋转的。自转一整周一般会花费8小时至10小时不等。有很大一部分小行星在转动的时候，亮度是在不断改变着的。这可能是因为小行星的形状是不规则的，所以当它转动的时候，呈现在我们眼前的表面也在不断地变化。像地球这样的大型天体有着强大的引力，这就使它自身的形状慢慢趋向于球形，而小型天体就不会受到什么影响。很多小行星太小了，它自身的引力基本上是无法让它变成球形的。如果有人在那些引力非常小的小行星上打球的话，那么他所有的球都一定会跑到太空中去，而这些球就会变成一个个绕着太阳运转的新的行星。因为它们太小了，这也就意味着它们不可能拥有大气层。

木 星

我们终于穿过了这团小行星，来到木星的近旁。我们马上可以看到木星根本就不是圆球形，它要比地球扁20倍，所以进入我们眼帘的将是一个勉强称之为苹果状的椭球形行星。

这个行星如果静止不动，那它就不会这么扁，它自身巨大的引力会让它慢慢变为球形。当你看到木星在进行飞速旋转的时候，不要吃惊。它转动一周花费接近 10 个小时，如此快速的旋转正造成了它扁球的形状——地球上赤道的某一点沿着轴心旋转的速度只有每小时 1 040 英里，而木星的速度达到了 2.8 万英里。

我们知道火星很冷，其实木星比它还要冷。木星距离太阳的路程是地球距离太阳的路程的 5 倍，这也就造成了它 25 英亩的平面所受的太阳辐射还比不上地球上 1 英亩面积所受到的太阳辐射多。你可以设想一下，如果地球所受的太阳辐射突然减少至现在的$\frac{1}{25}$或可能更少，那将会发生什么事情。这样的话，我们也就不难想像木星上的自然条件到底是什么样子的了。它的整个地表会冷冻得十分坚硬，一切生命活动都会走向灭亡。我们当然是希望木星保持这种休眠状态。不过事与愿违，现在的木星并不是休眠的状态，而是像金星一样，被一层很厚的云层团团包围着，就是红外线也无法穿透那厚厚的云层。这些云层有着很明显的持续变化。它表面上的红色斑点是最著名的例子。1878 年首先观测到了这个斑点，之后它在慢慢变大，一直达到了 3 万英里长、7 千英里宽，这个面积已经和整个地球的外表面积旗鼓相当了。随后，这个庞大的红色斑点又慢慢变成了圆形，面积逐渐缩小了，现在这个红色斑点基本上要消失了。这个现象是可以解释的，这个独特的斑点可能源于一些特殊的灾难，不过印证着那些物质并不是死亡的冰冻物质的，正是其他的还在进行之中的较小的变化。我们通过木星的云层带就可以看出这一点，就是说木星不同纬度上的云层，它们各自的运转速度是不一样的，而在赤道处的云层速度是最快的。

这些活动以前都被认为是木星拥有非常高的温度的证明，这些热量大部分来自于它自身内部，有一少部分吸收自遥远的太阳的能量。如今我们已经知道这是不正确的。直接的观测显示，木星的气温至少要低于零下 180 华氏度。这就表明木星的热量的主要来源是太阳，而它本身内部的热量是非常微小的。

也正因为木星有这么低的温度，所以也就可以确信它的云层绝不可能以一

般的水蒸气的形态存在，云层一定有一种可以保持气体形态的物质，存在于水蒸气结冰温度之下。就和其他行星一样，通过观测两次穿透木星大气层中往返的太阳光的光谱部分，我们可以确定木星大气层的构成成分。不过真正观测的结果不太好详细解释，可是它们提供了一个证据，那就是现在有两种气体——氨气和甲烷存在于木星大气层中。

当我们闻到氨气或不小心打碎了装有氨气的瓶子时，这种气体的气味会刺激我们的泪腺，使我们流出眼泪。这是个生活常识。通常我们在食盐里也可以感觉到它的存在。制造食盐的商人总是企图把有芳香味的东西加到里面。我们也发现在治疗被蜜蜂蛰伤和蚊虫叮咬方面，氨有着很显著的治疗效果，这是因为它的碱性特质正好可以中和蚊虫叮咬时分泌的酸性物质，所以我们马上就会感觉到疼或痒的程度降低了。

甲烷俗称“沼气”，作用很大。当植物在水下腐败时，这种气体就会冒到水面上，这时候的水面就会呈现很漂亮的光泽。引发煤矿爆炸的空气成分之一，以及火山爆发时所喷射的气体之一也正是甲烷。

这两种气体的气味都不太好闻。纵观木星的大气层，就如同哈姆雷特所说的那样，“只不过是各种污浊的气体聚集在了一起”。因此，我们最好还是不要到那里去，否则我们的时间可能都要花在咳嗽、打喷嚏和流眼泪上面了。因为木星的重量是地球的317倍，所以它的引力不能小觑，我们恐怕不能像登月亮那样轻松地打破自己和任何其他人的体育纪录。恰恰相反的是，我们应该十分担心，担心要如何支撑我们自身的体重。一个体重168磅的人在木星上，他的双腿所承受的重量与一个体重448磅的人在地球上双腿所承受的重量是相同的。如果我们选择像塞提奥索拉斯在地球上所做的那样，把自己浸到水里以减轻沉重的负担，可能还好一些，否则我们可能会被自己的体重给压扁。我们想不出任何事故地环游宇宙的话，就不得不选择从之前提到过的那些爬行动物身上找到一些启迪，哪怕它已经灭绝。

土星、天王星、海王星

土星是比木星更有诱惑力的行星之一。天王星、海王星和冥王星距离太阳都很远。冥王星远没有土星有魅力，相差甚远。对那些远距离的行星我们了解得很少。土星的大气层中包含的氨气要比木星少很多，不过它的大气层的主要构成成分是甲烷（沼气）。土星要远比木星寒冷。因为它的地心引力只有地球的地心引力的$\frac{1}{6}$，所以相对来说，它的地心引力我们还是可以接受的。土星的外表和其他的行星最明显的区别在于，它有很多个围绕自己的环，这些环在望远镜里看起来非常漂亮。不过也正是因为存在这些环，很大程度上阻碍着我们登陆土星的步伐。其原因在于构成这些环的是土星自身拥有的大量卫星。每一个卫星都沿着类似圆形的轨道环绕着土星旋转着。不过因为这些小卫星彼此之间也存在相互吸引的引力，这就意味着它们的轨道不可能是完美的圆形，因此这些小卫星之间偶尔会相会在一起，发生碰撞。等到这种情形真的发生了，卫星的碎片就会掉落在土星的地表上，那么对正在它表面飞行的航天飞行器将会造成致命的冲击，也是非常可能发生的结局。

冥王星

我们就要离开这令人心悸的地方了，那让我们把注意力放在最后一个被发现的、离得最远的、同时也是最寒冷的行星——冥王星吧。对于九大行星，我们了解到的冥王星的知识是最少的。它或许和火星是双胞胎兄弟，因为它们的体积和质量相同，存在的差别是它们所处的物理环境是不一样。冥王星的表面

图 38　冥王星

每平方米接受的太阳热量是地球上相同面积所接受的太阳能量的 $\frac{1}{1600}$，因此我们无法想像出冥王星所处的物理环境到底是什么面貌。

冥天星的“地心”引力太小了，这就导致了它几乎不存在什么大气层。不过它的空气要比火星的多，这是由于冥王星的气温远远低于火星的气温。

游览了冥王星之后，我们也就大致上把整个太阳系看了一个遍。然而我们并没有遇到和我们一样的人，也没有遇到和我们地球上存活着的相同的动物和植物。然而，对于我们自己的星球——地球，我们也只是了解了一点点。生命无处不在，我们也就不得不承认，在任何条件下生命总是以千奇百怪的形式存在着。在地球上冷热两个极端的气候条件下，无论是在最深的海洋里，亦或是在最硬的土壤里，甚至是在地下的石油里，我们都发现了生命的存在。不同的条件下，生命存在的形式也非常不同。不过每一种生命形式都是它们对自己特殊生存环境的最佳适应方式。也正是这个原因，生命以另外的形式存在于其他的行星上是我们不能轻易否认的。而且它们对自己所在的不同环境有很好的适应能力，我们没有权力声称，除了地球其他的行星上不可能有生命。不过我们可以相信，只要有生命存在于别的星球之上，它就一定和我们现在的生命形式有所差别，或许它们存在的形式是我们无法想象的。

卫 星

九大行星已经展现了无穷的奥秘，我们甚至都没时间去考察它们的卫星。地球只有月亮1个卫星，而其他的行星却拥有很多卫星，比如木星有10个卫星；土星有9个大型卫星，还有数百万个小卫星，它们形成了一个环；天王星有4个卫星，火星有2个卫星，海王星有1个卫星；而离太阳最近的水星和金星1个卫星也没有；距离太阳最远的冥王星大概也没有卫星。

不算土星环里的众多小卫星，九大行星一共有27个卫星，平均每颗行星有3个。地球只有1个卫星，是低于平均数的。不过因为月球与地球的质量比，和其他任何一个行星与它的卫星的质量比相较而言，都要大一些，所以假如我们从质量的角度出发，那么我们的地球就高于质量的平均数了。

对于月亮引起的海洋潮汐景象，我们已经很清楚了。当月球和地球之间的距离达到地球直径的30倍时，图36中月球对处于正下方位置的地球外表上的B

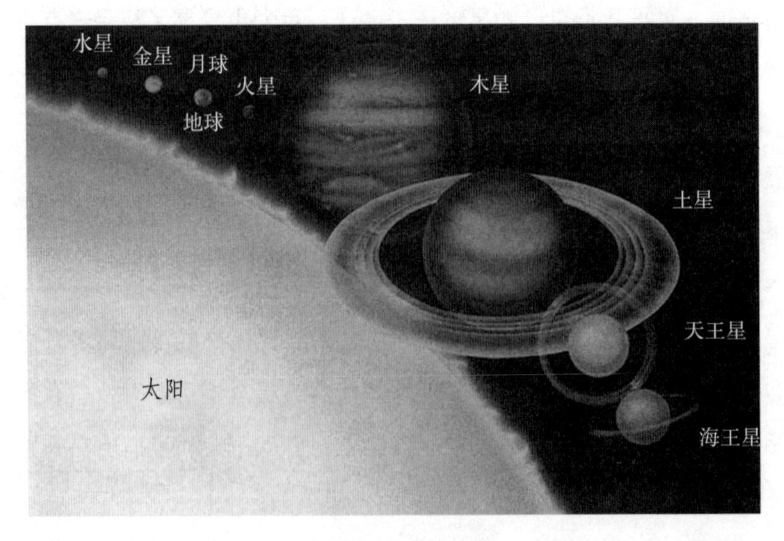

图39　八大行星

点的引力就要比地心对 B 点的引力大$\frac{1}{30}$。同样的道理，月亮对地球另一面 D 点的引力就要比地心对 D 点的引力小$\frac{1}{30}$。我们可以把月球的引力在 B、C、D 三点分别假设成 31、30、29。如果我们把 31 分解成 30+1，把 29 分解成 30-1，这样在地球表面任意点上的平衡引力就是 30。当这个引力加 1，它就指向月球方向的 B 点；当这个引力减 1，它就指向地球的 D 点（后者远离月球）。

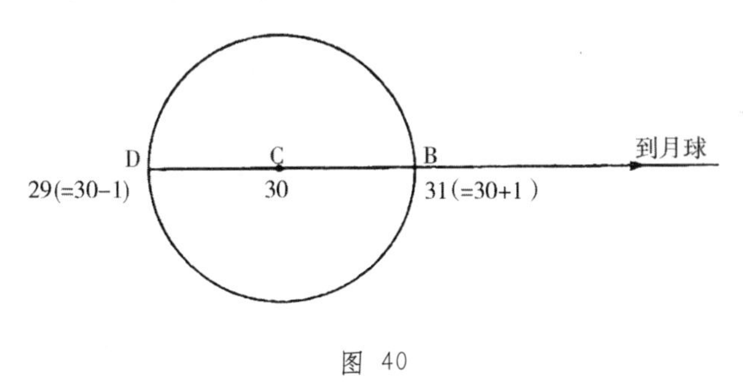

图 40

这个平衡引力 30 很准确地维持着地球和它的卫星月球的运行轨道。不过此平衡引力的高值是 30+1，而相对地球的另一面是 30-1。不同的力紧紧吸引着地球，就如同我们的两手朝相反的方向用力拉一根橡皮筋一样的原理，这样就有了潮汐现象。我们知道地球的坚硬度要远远超过钢，所以固体的地球表面在月球引力作用下的变形程度要远远小于地球表面液体海洋的变化程度。因此除了正处于海洋上的人，我们在地球上是很难感觉到潮汐现象的。我们所看到的潮汐其实是液体的海洋和固体的地球表面在月球引力的作用下两种潮汐间的差，只是相对于前者，后者的潮汐现象更加微小，不容易看见而已。

当小小的月球以这种方法吸引着地球的时候，庞大的地球也就很自然地更有力地吸引着月球。这个原理在其他行星和它们的卫星之间也是同样的。因为我们不能从正面看到这种现象，所以我们从没有看到月球被拉过来。不过我们可以在木星的一个卫星上清晰地看到这种状况发生的整个过程。从望远镜中观察这个距离庞大木星最近的卫星，可以看到在木星强有力的引力作用下，它被拉得很长，看起来更像一个椭圆形的鸡蛋，而不是理想的圆形。时间在慢慢前进，这个小卫星离木星也会越来越近。它离木星越近，木星对它的吸引力也就越大，那这个小卫星也就会被拉得越来越长，它也就越来越形如鸡蛋。木星正在使它变得越来越长，这个小卫星就如同一块橡胶一样具有弹性。

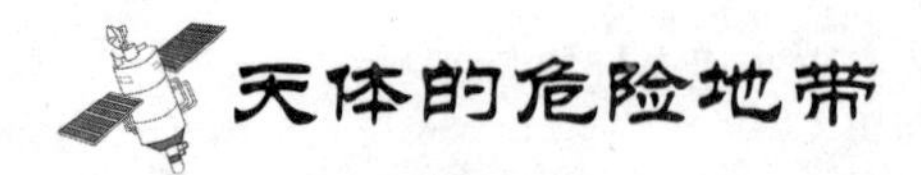

天体的危险地带

我们都知道，任何一种有弹性的物体都不可以被无限拉长，它们总有断裂的时候。所以这个小卫星在将来也一定会断裂。通过计算，我们得出了这个卫星将来会分裂成两个独立的天体，到那时，木星会比现在又多一个卫星。这两个新产生的小卫星，仍然像之前那个卫星那样继续向木星靠近，它们也会慢慢变成卵形，而且在将来的某一天势必也会继续分裂，由一个变成两个。这一过程会一直继续下去，那样的话木星的卫星数目也就会无限地增加。

对于木星本身，可以说是处于一个特定的恶劣环境包围圈里。当某一个卫星或者其他的天体接近了这个危险地带的时候，它就会被强拉成卵形；等到这个卫星或者其他的天体最终走进了这个危险地带，那么它将会分裂成两个天体，而且如果它继续停留在这个危险地带里，这个卫星或者其他的天体就会继续被动地分裂成无数个小的卫星。

这不是一个简单的猜测，而是经过了精确数学计算而得出的结果。我们只要已知了某个行星或者任何一个天体的重心引力，就可以计算出它的危险地带。不同的物质有截然不同的危险地带。一个坚硬的固体在一个有着稀薄大气的气团的危险地带运行，不会有任何的危险，甚至可以全身而退。根据现在的计算，可以知道一个属于木星的卵形卫星距离它的危险地带非常近。火星自身拥有的一个小卫星也同样接近了火星的危险地带（尽管不是太近），土星也有一个卫星正在慢慢向土星的危险地带靠近。

土星的危险地带很有意思。由于环绕着土星运行的形成环状带的成千上万个小卫星，它们已经身处这个危险地带之中。这可能是过去的某个时期一个很常见的卫星慢慢地被分裂成无数个小卫星而形成了现在的环状带。这些环状带永久地证明了，如果一些天体被较大质量的引力吸引住，那么它们的命运将是一样的。我已经让大家想起了吉卜林先生关于大象鼻子是怎么变长的故事。我现在已经把土星的卫星环是怎样形成的故事告诉了你们，或许这个故事没有吉卜林先生的故事那么优美动人，不过起码我觉得我的故事是真实可信的，而不仅仅是一个本就如此的故事。

我们的地球也有它自己的危险地带。虽然月球现在依旧在外层空间安然无恙地运转着，但是总会有那么一天的到来，地球和月球会彼此吸引，然后逐渐靠近。当这种情况真的发生的时候，那时候的月球就会变成清晰可辨的卵形，当它进入危险地带的警戒线时，它就会被一分为二，这样的话，我们也就会拥有一个和土星一样的美丽卫星环。这只是个时间问题。在遥远的未来，我们会失去我们的月亮，不过这并不意味着我们会失去月光。这是因为还有许多小卫星在夜晚依旧可以将太阳光反射到我们的地球上。到那个时候，我们将会拥有远比现在充足的月光。因为当一个物体分裂成很多碎片之后，它的总表面积是扩大了的，所以我们在晚上会拥有更加明亮的月亮。我们可以想到的是，到那个时候地球上的生命体会很不适应这种变化。和现在的土星上发生的流星情况一样，到那时如果两个小卫星相互撞击，那样的话，它们的碎片就会成为庞大的流星体坠落到地面上。

太阳系为我们提供了这些危险地带存在的其他证明。彗星并不是沿着圆形的轨道环绕太阳运行的，而是沿着一个拉长了的椭圆形曲线（我们称之为椭圆）环绕太阳运行着，这是我们已经观测到的。彗星在一般情况下并没有什么特别的地方，只有当它运行到距离太阳最近的地方，即近日点时，它才会展现出自己优美迷人的身姿。当太阳热能大量辐射到它的外表的时候，彗星就会形成一个巨大的长“尾巴”。这个尾巴一般长几百万英里。这颗彗星在那时变得非常美丽、壮观，甚至有些神秘可怕。

有时候彗星会撞入危险地带的内部，或许是太阳的危险带，也或许是木星或土星的危险带，然后慢慢分裂成众多小天体。已经被观测到的一个彗星，它已一分为二，而且我们还观测到，其中的一部分又继续分裂成四个小部分了。

最有意思的要数贝拉彗星的故事。1846 年，人们通过观察发现贝拉彗星分裂成了两个。6 年后，当这个彗星的轨道又一次将它吸引到近日点时，人们发现这两个彗星之间已经相距 150 万英里了。在那之后，人们再也没有看到它们以彗星的形式再次出现，在它们本来出现的地方出现了几百万个密集的流星，这就是著名的仙女座流星群。当它们偶然经过地球时，就会为我们呈现美丽的流星雨景象，这种景象通常发生在 11 月 27 日或之后几天。毫无疑问，这颗彗星首次一分为二是事实，分裂后的两颗小彗星进入了一些其他的危险带，继而分裂成更多的小流星也是可以确信的。除此之外还有很多证据可以证明彗星最终变成密集的流星雨。

不仅太阳具有引力，其他的恒星同样有，而且各有各的危险地带。当恒星在太空里运行的时候，一颗恒星会突然进入另一颗恒星的危险带中。这样的话，我们前面所说的情况就一定会发生。就好像鳄鱼抓住了小象的鼻子一样，较大的恒星将会把较小的恒星拽出一个“长鼻子”，这个“长鼻子”又会分裂成无数的小碎片。过去的某个特定时期，太阳或许就遭遇了这种不幸，而形成的那些碎片就是我们的九大行星。因此我们可以在我们的故事里添加一个章节的内容，就是“太阳是怎样拥有自己的九大行星的”。

同样的道理，九大行星也许也有过相同的经历，它们进入了太阳的危险地带，而致使自己发生了分裂。如果这是事实，那么我们又可以增加一个章节，就是“九大行星是怎样拥有自己的卫星的”。这一章最悲惨的内容要数那个有着曲折命运的特别的行星的故事。它原本运行在木星和火星之间，可是它的运动轨道可能把它带进了木星的危险地带。这颗可怜的行星开始裂变，最开始可能是形成了自己的几个小卫星，但是它分裂的次数太多了，到最后已经不能称为行星，只能算是一大群小卫星。现在那颗爱神星（小行星 433 号）距离地球最近。根据观察可以发现，它的形如卵形或梨形，也或许可以称它为哑铃形，看来它将要进行又一次的分裂了。在不久的将来，它彻底分离成两部分的时候，它们就会成变成独立的小天体了。

第六章

万物的主宰——太阳

太阳的光传递给了我们有关它的许多信息。在它的内部，一磅重的物质被压成针头大小。如此庞大物质的能量能够马上烧焦距离它 1000 英里处的人。

天体的大小

到目前为止，我们仅仅说过太空中一些较小的天体。这里面最小的要数那些颗粒状的物质，当它们进入大气层的时候，我们称其为流星。这些物体非常微小，一把就能抓起数千个。

现在我们聊到的最大的天体是庞大的木星——直径是地球的 11 倍。一个装着木星的盒子，可以装 11x11x11 或 1331 个地球，盒子的边长都是 11 个地球直径的和。但是，相比于太阳，木星就显得很小巧了；而相比于我们在后面将要聊的更大的恒星和其他的天体，太阳又显得很小巧了。太阳与木星的比大约等于木星与地球的比，木星里面可以装下 1000 多个地球，太阳里面则可以装下 1000 多个木星。接下来再比较一下，我们在后面要谈到的蓝色恒星可以装下 1000 多个太阳，“红巨星”可以装下 1000 多个蓝色恒星。最后一章将要讲述的星云不仅仅可以装得下，其实它本身就容纳了几十亿个之多的恒星。

我们可以用下面的表来说明这个比例序列，当然所有的数字都是近似值：

地球	1
木星	1000
太阳	1 000 000
蓝星	1 000 000 000
红星	1 000 000 000 000
星云	1 000 000 000 000 000

太阳黑子

假设一下，如果我们乘坐火箭到太阳去，近距离观察它的表面，那么在前往的路途上，我们看见的太阳最明显的特点很有可能是太阳边缘暗灰色的部分，我们很容易就可以发现太阳的边缘一点儿也没有它的中心明亮。假如太阳是固态或液态的，它一定会和一个普通的会发光的球一样，表面的亮度应该是相同的。太阳边缘很明显的阴暗部分正表明了它的表面是气态。

那时，我们可以看到一些太阳黑子，除此之外，其他的细节都是无法看到的。这些黑子有着非比一般的面积和复杂多样的形状。至少有五六个黑子要远远大于地球的投影面。从这张照片的比例来看，地球只有直径为$\frac{1}{25}$英寸的沙粒那么大。不过即使是如此巨大的黑子也并没有什么稀奇的，因为有的时候太阳黑子可以容纳下所有行星的投影面。太阳黑子经常会出现，不过这些黑子并不是每天能看到的，也有时候一整年也不一定能看到一次。黑子的数量是不断变化的，有时多一些，有时少一些，它的周期大约是 11 年。1906 年、1917 年和 1928 年是太阳黑子的多发年。1939 年同样会是一个多发年。

图 41　太阳黑子

如果我们想在太阳表面观测黑子，那么一定要注意透过墨镜或烟熏过的玻璃来观测，否则我们的眼睛会受到难以恢复的伤害。伽利略是第一个研究太阳黑子的人，他晚年的时候就失明了。他觉得自己的失明和观测明亮的太阳时没有保护自己的眼睛有很大的关系。

人们经常会探讨，谈论着类似满月、新月这样的天文现象是否会对天气产生影响。科学家们要想把天文现象和天气的变化联系起来还是有些困难的，不过只有太阳黑子是个例外。有证据可以表明，和太阳黑子一样，气候同样有一个 11 年的变化周期。随着太阳黑子数目的变化，夏季的气候逐渐由干燥炎热变得阴凉潮湿，继而逐渐再变得干燥炎热。它的整个变化周期可能是 11 年。有两个例子可以说明这一点。把一棵树砍倒后，在树干的横截面上可以看到很多同心圆，每一个圆都代表着一个夏季生长的结果。数一数这些圆就可以知道树的年龄。虽然每一年的时间是相同的，这些圆圈的宽窄却是不一样的。潮湿的夏季树木茂盛，那时候树干上形成的年轮会宽一些，而干旱的夏季形成的年轮就会窄一些。道格拉斯教授说，他可以根据不同的年轮推断出树木生长期里某一年是干燥还是潮湿。因此我们可以说，树木是其生长年代中天气的鲜活记事本。我们再来看一个有意思的例子。如果认真地研究树的横截面，我们经常会发现年轮的宽窄差异也有一个和太阳黑子的变化周期一样的 11 年的规律周期。最宽的年轮在太阳黑子最多的年份形成。太阳黑子多发年的夏季较潮湿，树木生长得更茂盛，这些是我们可以一目了然的。

图 42 同样表明了这一点。下面的一条曲线中每一段凸凹的波浪表明了太阳黑子 1 个 11 年的活动周期。上面的一条曲线表明了维多利亚湖（非洲赤道附近的一个大型淡水湖）的水位深浅。我们很容易就可以看出来，水位的高度变化周期和太阳黑子的活动周期基本上是相切合的，也是 11 年 1 个周期。在潮湿的年份水位当然是最高的。这就说明了当太阳黑子活动频繁的时候，气候是

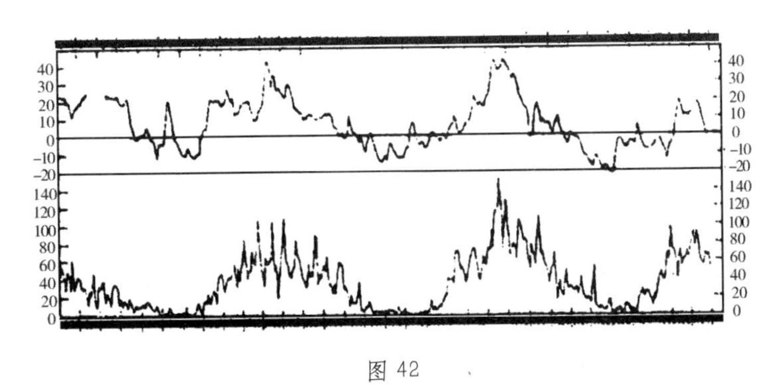

图 42

最潮湿的，反之亦然。

太阳黑子数量的变化很慢，因此它的活动周期以年为单位来计算。不过单个的太阳黑子，它的寿命很少有超过几天的。

由于太阳的自转，一个非常庞大的黑子会很快消失，大约两周之后，它又会从太阳的另一端出现。伽利略根据太阳黑子的这一运动，证明了太阳在自转，而它的自转周期约为 26 天。

乘坐火箭飞越太阳黑子就好像乘坐飞机飞过轮船的烟囱一样，我们会看到喷出的大量热气。太阳黑子如同一个烟囱口，以很高的频率喷出大量的热气来。太阳内部的高温致使太阳表层总是在不停地动荡着，好像火上沸腾的水一样，不停地翻滚着。开水中翻起的气泡我们都见过。气泡升到水面上后，阻碍它的压力就消失了，此时气体发生膨胀，和外面的空气混合在了一起。太阳黑子中喷出的物质也是这样，到达太阳表面后，它所受到的压力就减小了，体积发生膨胀，因为膨胀继而又使自己的温度降低了。这个原理见于第一章。

太阳黑子形成的物质温度要比太阳表面其他地方的温度低，因为这个缘故，看起来就发黑了。其实黑子的亮度也非常高，只是因为它们没有周围更热的气体活跃罢了，相比较而言就显得暗了许多。黑子喷发出的物质可能都是原子和原子碎片相混合的物质，蕴含着各种各样的带电粒子。喷射出来的粒子飞到四面八方，在太空中飞了一两天之后，有一部分粒子就会抵达地球。它们穿过了大气层的过程，就是北极光的形成过程。它们又把空气电离，形成一层无线电波反射层，可以把无线电波反射回地面。这样我们就可以收听到远处无线电台的声音了。这些带电粒子抵达地球之后，会发生什么情况，我们已经在前面的内容里研讨过了。现在呈现给我们的是这些粒子在它的旅程中全部的经历的初始情况。这之后会发生那些事情，将对地球上的生活产生一些作用。

日 珥

黑子喷出的大团气体通常会升到离太阳表面很远的地方，这就是日珥。地球上强烈的爆炸或火山爆发时喷发的物质，它们的运动速度可以达到每小时几百英里。相比较而言，日珥中喷发出的物质，运动速度可以达到每小时数十万英里。假设我们连续拍摄 6 张日珥的照片，拍摄时间差是几分钟，那么最后一张照片的拍摄时间是日珥出现后的两小时。可是此时喷射出的物质已经升到距离太阳表面 56.7 万英里的高度了，运动速度大约是每小时 30 万英里。

这是形状最清晰的日珥。日珥的形状一般要比这个还要复杂很多，而且总是有变化。随着太阳的转动，最开始的时候，我们可以看到类似烟的东西从太阳表面一个看起来像是长长的缝隙里涌出的气体。

日珥是非常稀薄的物质，就和一缕缕热气一样。它们的温度也远远低于太阳本身的温度。鉴于以上两方面，它们没有太阳表面那么明亮，因此一般都会在太阳的光芒里消失殆尽。一般情况下，我们要想观察到它们是很难的。不过当月亮经过太阳前面的时候，也就是我们说的出现日全食的时候，太阳光的主体被完全挡住，星星会像在黑夜那样在天空上显现，这种情况下，地球上的景物也变得越来越黑，最后呈现灰色或蓝紫色。此时是观察太阳周围微弱光线的大好时机。当月亮将太阳的最后一部分完全挡住时，日冕的光芒就会在我们眼前闪耀，犹如珍珠一样。太阳周围几十万英里内是由分子、原子和带电粒子组成的稀薄大气。日冕其实只是被太阳光照亮了的大气。日冕的亮度比日珥还低，这也是我们经常能在日冕中看见闪烁的日珥的原因。

光谱分析法

天文学家已经发明出了一个可以观察研究日冕的方法，不用非得等到日食出现。我们知道如何根据行星表面和大气所发出的光的颜色，对它们做细致的研究，继而找出每种颜色的光的方法。这种方法同样可以运用于考察太阳的表面。做起来比较容易，而且会有很大的收获。由于太阳本身发出的就是大量各种颜色的混合光，因此我们再也不用费尽心机地去捕捉那一点点的反射光，而可以很容易地拍摄到我们需要的光。我们只要把阳光放到分光镜下分析一下，让我们所需要的光色经过分光镜进入相机，把其他的光线隔绝在外面。不过我们也要考虑到，这种方法和研究行星的方法有本质上的区别。

光和声音均有波的特性，因此在很多方面它们具有相近的特点。自然界里的整个噪声，比如瀑布声、森林大火的声音、海啸的声音等，都是各种波长声音的混合体。相比于这些混杂的噪声，那些简单柔和的，我们称之为有音乐感的声音和它有着根本上的差别，比如田野里牧牛的铃铛声、教堂的钟声、钢琴提琴的声音等等。杂乱的声音一般由各种波长的声音构成，而有音乐感的声音则只有几种波长，这就是为什么我们感到这些声音好听悦耳的原因。

光线同样如此，太阳光就好像是着火的声音亦或是瀑布声，是各种波长光线的混合物。不过就如同音乐的和声一样，只含有几种波长的光线也是存在的。如果一束这样的光线通过了分光镜，结果它不会像太阳光一样，呈现出具有各种颜色光线的光谱。而我们会发现有很多颜色不存在，它并不是一条从红色到紫色每种颜色都具备的、连续的光谱；而是由几条窄窄的、间断的、明亮的色线组成的光谱。我们称之为线状光谱。

这样的光谱一般都是由化学上的单一物质、化学家称为元素的原子发出的。不仅这样，所有同一元素的原子，比如氢，都发出同样的谱线。其他元素的原子，

图 43　食盐中含钠元素

比如氧，会呈现出另一种完全不同的谱线。有些物质发出的光几乎是单色的，这些物质广泛应用于电信号和发光管上。

如果我们取某些物质的一小部分，例如取一点点普通的盐，将它放到炽热的火焰里，然后观察火焰的光谱会发生什么样的变化。最后光谱中会立刻出现几条新的色线。这些色线很显然是由食盐产生的。我们还可以分辨出其中的一些色线，比如说钠，它的色带很特殊，是由两条距离很近的光亮黄色线组成的。我们在食盐的光谱中发现了这样的色线，这样就知道食盐中含有钠元素。

这种研究物质化学结构的方式被称为“光谱分析法”，是用来查找各种化学元素的很灵敏的一种测试方法。举个例子，当锂的含量只有十万分之一毫克的时候，运用这种方法就可以测出锂元素的存在。我们用不着亲自把化学物质投入火中。任何火光，无论它从多遥远的地方到来，我们只要能把它分解为单色，就能对它有一些了解，最起码可以知道火焰的成分包括了一些什么元素。火焰中的光告诉我们是什么元素发出的光。这一探测法让我们分析太阳和恒星的成分成为可能。

牛顿把阳光分解成各种颜色，他认为这应该是一条连续的光谱，里面包括依次排列着、我们能想到的一切颜色。不过等到 1814 年，夫琅和费重新做这个实验的时候，他惊奇地发现光谱中出现了一些黑色线条。他用 A、B、C……

K字母给这些线条做了标记。这条光谱不是连续的，在连续的颜色中出现了一些间隔。要想解释出现这些间隔的原因是很容易的。

太阳大气中的每一种原子都可以发出一条清晰的光带。它只有某种特殊的颜色，只有在吸收了同类颜色之后才可以做到这一点。通常情况下，炽热的原子保持着我们称之为“活跃”的状态，处于这种状态的时候，它就会发出本身特有的光线。同样，冰冷的原子处于“不活跃状态”，它们就会缺少同类颜色的光。

明白了这一点，我们再来观察一下从太阳炽热的地方不断向相对来说温度较低的太阳表面发出的光线，这种光线包括各种颜色的光，因此温度相对要低一些的太阳大气中的每一个原子和其他的许多原子一起，总是被各自的特殊色彩光线包围着。原子可以甚至是渴望吸取这种颜色。原子把这种特殊颜色的光线吸收以后，太阳光里的这种颜色就相应地变弱了。太阳光冲破太阳大气里温度较低的原子的包围后，就会进入太空，这个时候，阳光里和这种原子相对应的颜色就会被全部吸收。

鉴于以上原因，太阳光谱中出现一些黑色的线条是一定的。它们不能证明太阳里炽热原子的发光，却可以证明太阳大气里低温原子吸收了这种光线。夫琅和费仅仅知道有574条这样的线条，现代天文学家却知道有几千条这样的线条。其他的恒星光谱同样有这种情况。

在光谱之中，这些黑色线条所处的位置，成了天文学家的庞大的信息库。他们不断地从里面获知了有关恒星的亮度、体积、距离、在太空中的运动速度、自转的速度等各种资料。很重要的一点是太阳和恒星光谱中失去的颜色，我们基本上都可以从地球上已知的物质发出的光线里面再次找到。这样我们就可以知道，究竟是怎样的物质原子在太阳大气中发挥了作用，是哪种原子吸收了太阳光里相同的颜色，阻止它照到了地球上。正是运用这种方法，我们测试出了地球大气外层臭氧的存在。

太阳和恒星光谱中的数千条光线都可以在地球上找到某种物质产生的相应的光线，这是很重要的一点。这说明了组成太阳和恒星的原子和我们已经熟知的地球上的原子，如氢、氧、氮、铁、铜、金等是一个类别。假设我们飞向太

阳或者其他的恒星，我们或许可以看到许多独特的景观，不过不要想着我们会发现任何新的元素。看来宇宙都是用相同的材料构成的。

太阳表面温度

接下来，我们继续对太阳表面进行研究。假设我们在某种光下拍摄一张太阳的照片，就拿氢原子发出的光做例子，我们可以确信一定无法拍到一幅完整的太阳照片。也许这张照片并不能将太阳上所有的氢原子都反映出来，只是将那些目前正在发出这种特定光的氢原子反映了出来。同时这些光出现在太阳的表面，几乎可以抵达地球了。夫琅和费把这条线称为 C，现在我们称它为 Hα 。

如果气体原子处于不活跃的状态，而且不受到其他原子干扰的话，它就不会发光。假如希望气体能够发光，那么就得采取一些措施，如同让电灯泡或马蹄铁发光一样。如果给它通上电——这几乎只有在地球上才可能实现，也可以和我们给马蹄铁加热一样给它加热，使它发光发亮。对气体也可以采用这样的方法，让构成太阳的每种原子发出光来。

铁匠根据烧红的铁的颜色来判别它的温度。铁加热之后，颜色会逐步呈现深红、黄色、白色等。不管发光的物体是不是铁，相同的颜色都毫无例外地表明相同的温度。

气体也是如此，我们可以从它发出的光来判断它的温度。

太阳的热量是从高温的内里向低温的表层扩散，鉴于这个原因，太阳的最中心就是它最热的地方。之前我们总是把那两张照片当成讲解太阳不同区域在不同温度下的图片，我们也可以称它们为太阳各个不同深浅层次的图像。当我们用这个方法得到太阳各个不同层次的图像的时候，各层的光都呈现出每一层的大多数原子都处于一种特殊的状态。简单地说就是，因为受热，部分的原子分解了。而离太阳的中心越近，被分解的原子就越多。

我们给固体的冰加热的时候，冰就变成了液体的水。这是因为加热把分子间的束缚力破坏了，大大增加了分子运动的可能性。当分子可以轻松摆脱彼此的束缚力的时候，冰就全部融化成水了。当给水加热的时候，水就变成了水蒸气。此时分子间彼此的束缚力更加弱化了，分子就可以单独活动了。如果我们继续把水蒸气加热，那么分子内部的束缚力会继续弱化，然后分子就会被分解为氢原子和氧原子。如果我们可以给原子加热，加热到太阳大气的温度的话，就会发现，原子甚至都会被分解——和它们处于太阳外层时是相同的情景。

假设一下，我们乘坐火箭靠近太阳表面，去分析太阳的大气样品，那么将会发现太阳大气是由正在开始分解的原子构成的。如果我们继续向太阳的更深处前进，就会发现越来越多的被分解了的原子。在太阳的内核，原子几乎全部被分解了。我们没有见过这种物质形状，不知道应该如何称呼它，是固态、液态还是气态。

我们已经知道，地球核心的压力是大气压的100万倍。在质量更大的太阳核心，压力是大气压的500亿倍。如此巨大的压力会将分解的原子碎片紧紧地挤压在一起。在如此高压下，重为1磅的物质只有针尖那么大。只有分解后的原子才能被压缩到这么紧密。

在实验室里，用这种状态下的物质做实验是根本不能实现的。因为它的后果有致命的伤害，所以这也是不被允许的。经过大概地估算，太阳核心的温度大约有4000万到5000万华氏度。处于这么高的温度之下的物质，哪怕是针尖大点都会向太空辐射出非常大的能量。如果要补充这么庞大的消耗，以保持针尖大的物质的高温不变，那么就需要1台约30亿兆马力的机器。这样大小的物质辐射出的辐射流就和爆炸时候的冲击波一样，任何东西都无法阻挡。在靠近它的地方，辐射流所产生的压力高达每平方英寸数百万吨。也正是依赖着这么巨大的压力，太阳才不会向内塌陷。在体积更大的恒星上，这种压力产生的影响更加巨大。当这些恒星的表层薄得如同气泡一样时，恒星内部的压力就会导致自己爆炸。就算是在距离这针尖大的物质几百码的远处，它的辐射冲击波也可以摧毁任何的建筑防御系统。要是有人敢在距离它1000英里之内的地方行走，那么他立刻就会化为灰烬。

第七章

庞大的星星“岛群”——恒星

太阳是距离我们最近的恒星，其他的恒星位于这个距离的100万倍之外的地方，用肉眼就能看到的，大约有5000颗，这还只是它总量的四千万分之一。人类想尽一切办法想要探测它们。

日心说的历程

现在我们都知道，太阳其实是一颗特别普通的恒星，然而为了探索这一点，人类同样经过了一个漫长的时期。或许这并没有什么奇怪的，因为太阳对人类来说确实有着非凡的特殊意义，它是距离我们最近的恒星。

我们都知道，我们的祖先是如何将地球想象为宇宙中固定不动的中心的，其他的一切都围绕着地球在转动。其他的恒星所发出的光仅仅起到陪衬的作用，有它们的帮助，古代的人们才能看出太阳在移动，同时也可以看到斗转星移。他们认为那些恒星都分布在一个空球的内壁，而这个空球正围绕着地球一刻也不停歇地转动着。尽管那些带着哲学情调的希腊人，总是提出这样那样的理由来宣讲地球是绕着太阳转的这个理论，可是他们无法让广大民众理解自己的观点和论据，这样的话，他们的见解也就慢慢被世人遗忘了，整个世界都被中世纪的黑暗思想埋没了。1543年的时候，有一位波兰修道士哥白尼提出了一个观点，和

图44　尼古拉·哥白尼

1800 年前的萨摩斯·阿里斯塔克斯的观点很接近。不过哥白尼的观点是否受到了阿里斯塔克斯的影响，受了多大的影响，我们还无法确定。

归纳一下哥白尼的见解，就是太阳系的中心是太阳而不是地球，地球只是其中的一颗行星，和其他的行星一样围绕着太阳运行。

对于这 1800 年前的论点，著名的丹麦天文学家第谷·布拉赫和其他一些天文学家都持反对意见。这种反对意见也差不多持续了 1800 年。其实阿基米得就曾经提出和之前的反对意见完全相同的观点来反对萨摩斯。反对意见主要是说：在太空中，如果地球真得是在围绕着太阳旋转，那么那些很突出的星球的位置也应该会不断地变化。就好像我绕着花园走的时候，我看到的树的位置就会不断地发生变化。一棵树似乎移到了另一棵树的后面，然后第三棵树又进入了视线范围，就和这个情况一样。然而，如果是一只在玫瑰花蕾上爬行的蚜虫就不一样了，它注意到树木的这种变化的可能性不太大，因为它的玫瑰花蕾太小了。对哥白尼理论持反对意见的人说：因为恒星在太空中的位置并没有发生这种变化，也就可以说明地球一定在中心位置保持固定不动。他们不知道的是，和在太空花园里看到的景物一样，地球的轨道甚至是整个太阳系，相对于整个宇宙来说，要比最小的玫瑰花蕾还要小许多。就和比哥白尼早 1800 年的阿里斯塔克斯说的一样，和一个球的中心和它的表面的关系一样，地球围绕太阳转的整个轨道在宇宙中也是保持不变的。

然而，当用高倍望远镜把恒星的位置测算出来的时候，我们发现，它们的位置的确在不停地改变着。有两个很明显的变化就是：随着太阳在恒星间的移动，我们的地球也随着太阳在一起移动，此时周围的星球所发生的奇特变化就和我们开着车横穿森林的情况很相似；此外，地球环绕太阳旋转还会产生另外一种变化。7 月份的星空和 1 月份的星空看起来会有一些区别，这是由于地球从 1 月份到 7 月份已经在轨道上移动了 1.86 亿英里，也就是说此时的地球已经转到了轨道的正面。当又一个 1 月份到来的时候，奇特的星空景象和之前的 1 月份相同，这是由于地球又转回了它原来的位置上，之前和太阳之间的关系得以恢复了。

我们如果可以始终设身处地地站在地球的角度上来想问题，那样的话，我们将会知道地球运行 1.86 亿英里是一个多么让人震惊的远征，可是如果用天文尺度来衡量的话，又会觉得这实在是小菜一碟啊。这就使得天文学家花费了相当长的时间也无法确定这种公转对星球之间的位置有怎样的改变。一直等到 1838 年的时候，这种变化才被测量了出来，也是在这个时候，恒星和地球之间的距离也被测量了出来。

通过现代精确的测量，我们知道距离我们最近的恒星要比距离我们最远的行星还要远 100 万倍。太阳系里行星的路程是如何遥远我们已经知道了，然而在这茫茫的太空里，就如同在五大洲上分别放上一个水果一样，恒星的分布远远稀于太阳系的行星。恒星间的距离和它们之间大小的对比就像这样。我们一下子就能明白恒星看起来只是一些光点的原因，此外我们还会发现，即使有些恒星像太阳一样有行星包围，不过因为这些行星在太空中看起来色调很灰暗，又因为它们很靠近自己的中心太阳，这就导致我们很难分辨出哪些行星和太阳是分开的、独立的天体。比方说，我们将 6 只大黄蜂放进一个 1000 立方英里的笼子里，让它们随便地飞舞，就当这是太空中恒星分布的一个简易模型。如果我们可以让黄蜂降低飞行速度到蜗牛速度的 $\frac{1}{100}$，这样的话，也就可以模拟恒星在太空中的飞行速度了。

当黄蜂以这样的速度在这个宽敞的笼子里运动的时候，它们是不会相互碰到的，而且同样也很少会有近距离擦肩而过的机会，这是我们确信的。不过，也只有当恒星处于这种状态的时候，才可能出现像地球这样的行星。我们之前已经叙述过这一过程了。也是因为这个原因，所以行星的诞生是非常少见的；也因为宇宙本身并不是总在不断生成，所以行星的出现也就更加难得。以前，人们认为每一颗恒星的周围都会有一群行星存在，将它们照亮，维持着上面的生命。如今看来，拥有行星的恒星似乎是个例外。精确的计算表明，似乎只有十万分之一的恒星拥有自己的行星大家庭。

恒星的亮度

恒星之间的亮度差异是很大的，这个我们已经知晓了。究其原因，主要有两个。第一是恒星本身的亮度就存在差别，第二是它们和地球之间的距离远近也不一样。某颗恒星可能看上去很明亮，那是因为它距离我们更近一点。我们的太阳就是最好的例子。也许这颗恒星本身就很明亮，也可能两个原因都存在。

假如我们已知道了恒星的距离，那么我们很快就可以得出距离影响它的明暗有几分，本身的亮度影响的有几分，如此我们也就能对不同恒星的明暗也就是亮度进行比较。

比较主要依据一条著名的物理定律，就是光的强度与距离的平方成反比。简单地说就是假设我距离某一个路灯的距离加倍，那么亮度就会减少到原来亮度的 $\frac{1}{4}$。同样，如果我们把太阳到地球的距离扩大 100 万倍，那么它的亮度在直观上就只有现在亮度的一万亿分之一。太阳的光度在现在的距离下有 12 万亿单位。如果太阳的距离远了 100 万倍，那么它的光度就会减少到 12 个单位，此时我们依旧可以看到它，只不过已经很暗了。

天空里有很多恒星的光度都超过 12 个单位，不过天狼星、α 半人马座和南河三（小犬座 α）这 3 颗星除外。这些恒星的距离都是太阳的 100 多万倍。它们本身要比同样距离上的太阳亮许多。天狼星、α 半人马星和南河三这 3 颗星自己的亮度也要比太阳高。我们用肉眼可以看到的那些天体，它们自身的亮度大于太阳。广义地说，凡是肉眼可以看到的恒星，它自身的亮度都大于太阳。

整个星空里最明亮的恒星是天狼星，它距离地球大约 51 万亿英里，是太阳和地球距离的 55 万倍。如果太阳处在天狼星的位置上，那样的话它的光度就只有 40 单位，而天狼星的光度是 1080 单位，所以天狼星是比太阳亮 27 倍的非常明亮的天体。它明亮的原因有两个：自身本来就很亮和距离很近。我们用肉眼可以观察到的星体里，只有 $\frac{1}{5000}$ 的恒星和天狼星相比，距离地球更近。

距离地球很近的恒星有很多，它们自身的光度非常低，如果不用高倍望远镜基本上是看不到的。已知距离地球最近的恒星是半人马座的比邻星，它的光度只有 $\frac{1}{60}$ 单位，非常暗，是近几年刚刚发现的。它自身的光度只有太阳光度的 $\frac{1}{20000}$，非常低，相应的热量也非常小。如果将它放在太阳的位置上替代太阳，那样的话我们的地球将比现在的冥王星还要寒冷得多，所有的生命顷刻间都将被冻僵。

我们还发现有很多比天狼星还亮得多的恒星，只是因为距离太远，所以看上去并不是很亮。最亮的恒星 S 剑鱼星所发出的辐射至少是太阳的 30 万倍，假如有一天它替代了太阳，那么地球上的所有生物，无论是江河湖海还是山川大地，都可能在眨眼间化为乌有。

不过，大多数的恒星都没有太阳亮。距离太阳最近的 30 颗恒星里，只有 3 颗比太阳亮，其余的 27 颗都没有太阳亮。这还不是全部，需要进一步声明：我们所在的恒星光度远远超过了恒星的平均光度。

星体的表面亮度受两个因素的影响：距离和自身的亮度。这我们已经知道了。在这两个原因里面，星体自身的亮度同样受两个因素的制约，即恒星的大小和每平方英寸表面的辐射量。举个例子，我们发现天狼星比太阳亮 27 倍，这样也就产生了一个问题，即天狼星的表面积是否是太阳表面积的 27 倍？是否和太阳一样大，但是每平方英寸的辐射量却是太阳的 27 倍？亦或有哪些因素一起作用于天狼星，使它拥有现在这么大的辐射量？

恒星的光谱作为有力的工具，可以完整地回答以上问题。它告诉我们恒星表面每平方英寸的辐射量有多大，根据它我们可以计算出恒星的实际大小。恒星的光谱质量取决于恒星的表面温度，这是已知信息。各种各样的光谱对照着相应的表面温度，结果得出：除去一些微小差异，所有光谱能够排列并代表一个连续的温度区域。我们研究这个光谱，从一端到另一端，就可以了解恒星表面的一系列连续的温度。如果我们可以慢慢升高某个星体的表面温度，就能发现它的光谱有次序地发生变化的全部过程。其实大自然本身就为我们做了这个试验。我们已知某些星体自己正在变化，我们只要在大自然这个试验室里去观

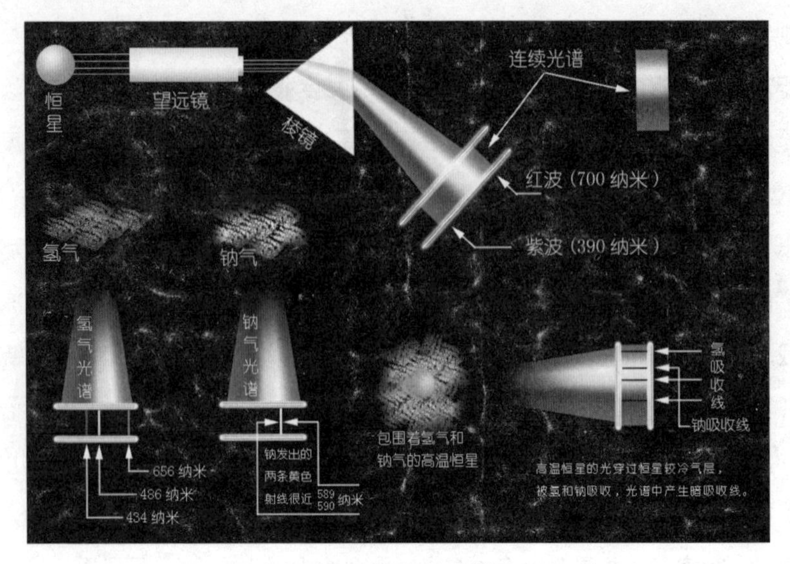

图 45　恒星的光谱

察光谱一系列的连续变化就可以了。

物体表面的辐射量也取决于物体的表面温度。当一种物质被加热的时候，它发出的能量也逐渐增多。火车的锅炉里燃烧的煤火表面每平方英寸可能散发 $\frac{1}{4}$ 马力的能量，而电弧光中的碳则更热，每平方英寸可以发出 6 马力的能量。

当两颗恒星的光谱相同或相似的时候，比如说天狼星和织女星，我们就可以推断出它们的表面温度的相同或相近是可以肯定了的，因此每平方英寸放出的能量也是相同或相近的。任何两颗这样的恒星，如果光度有差异，那么只能是它们的大小差异引起的。相反，如果两颗恒星的光谱不同，它们的表面温度也一定不同，所以每平方英寸释放的能量也就不同。构成光谱序的光谱对于了解不同的温度和每平方英寸发出的不同能量有很大的帮助。

恒星的表面温度低于 1400 摄氏度，那么它的表面每平方英寸散发的能量就只有 $\frac{1}{4}$ 马力左右，和煤火差不多，它的光出现在光谱序的一端。一块铁加热后，它的表面呈现出来的颜色恰好符合光谱中的红色的一端到紫色的一端渐变的色彩。这和恒星的光很像。表面温度低的恒星的光几乎都在光谱的红色区域。它们只是在赤热的状态。里面有很多恒星外观上看呈现红色，亦或最起码单纯用肉眼看的时候是红色的，因此一般都被称做“红星”。

在光谱序的中间部分，我们可以看到太阳光谱。这说明这颗恒星的表面温度大约是 5600 摄氏度，每平方英寸释放的能量大约是 50 马力。我们可以检验一下这个推断的精准度，采用下面的方式：

假设我们可以观测到地球表面每平方英寸吸收的阳光有多少，第一步我们就可以算出整个地球吸收的阳光有多少，然后就可以算出整个太阳释放的能量总数。第二步我们用最后得出的这个数字除以太阳的整个面积，就可以得出太阳表面每平方英寸释放的能量有多少。通过计算，我们可以得出每平方英寸释放的能量约为 50 马力，整个太阳释放的能量可以让一辆大功率的汽车持续奔驰 100 万年。要想汽车永远跑下去当然是不可能的，这是因为就算是拥有太阳这个巨大的能量源，也会有消耗殆尽的那一天。太阳上的跟火车头差不多大的一块地方所释放出的能量就可以驱动英伦三岛的全部铁路。

光谱的远端所显示的温度在 60 000 摄氏度或 70 000 摄氏度，因此这一类的恒星每平方英寸释放出的能量在 50 万到 100 万马力之间。它们的能量可以驱动大西洋上的所有轮船。这些恒星辐射的重要部分是处于光谱仪上紫色区以外的隐形的光，可以看到的部分主要集中在紫色区以内，这些恒星也因此一般被称做“蓝星”。

恒星的体积

恒星的光谱告诉我们，一颗恒星的表面每平方英寸可以释放出很多的能量。已知一颗恒星的光度就可以得出它释放出的能量值。运用一个简单的除法，就可以告诉我们这颗恒星的表面面积，然后有了这个表面面积就可以知道这颗恒星的直径和体积。

这种计算的结果非常有意思。它们显示得越多，越说明那些数字的来之不易，和恒星的物理状态有着密切的关系。我们按照星体从大到小的顺序，来阐述一下各个因素之间的关系。最大的星体都是那些表面温度低的“红星”，这是毫无疑问的。它们的表面每平方英寸仅仅释放出大约 $\frac{1}{4}$ 马力的能量，这就意味着需要很大的面积来释放它们的能量。它们都很庞大，辐射的压力压迫它们膨胀起来，就如同一个巨大的泡一样。这一点我们在前面已经说过了。我们曾经设想，假设用 S 剑鱼星座或者半人马星座代替太阳，那样的话将会造成什么样的灾难。如果用任何一个这样的巨大红星代替太阳，那么后果会更加难以估量。因为那时候的我们，将会钻进这些庞然大物的内部，这些星球的轨道要远大于地球的轨道。到目前为止，我们已知的最大的恒星是心宿二，它的直径是太阳直径的 450 倍（4 亿英里长）。形象地说，它的肚子里可以装得下 6000 万个太阳，甚至还要多得多。时速为 5000 英里以上的火箭飞到月球上需要 2 天时间，要是从太阳的一端到另一端（横穿太阳的直径）则需要整整 7 天的时间。然而要是以同样的速度穿过这个巨大的星球——心宿二的话，就需要 9 年的时间。因此，天文学家们称之为“巨星”也就不足为怪了。

我们对所有恒星的体积做测量后，按照大小顺序排列。如果按照颜色顺序排列，我们会发现它们之间的差别也非常大。就如我们刚才说的那样，最大的恒星都是红色的。当我们从最大一直看到最小的时候，我们就会发现它们的红色会逐渐变浅。让我们再来看一下略小的恒星，它们的直径只有太阳直径的 10 到 20 倍。它们的表面积大约只有红巨星表面积的 $\frac{1}{1000}$。这就是说，它们要想释放同样的能量，每平方英寸的表面就必须释放红巨星每平方英寸所释放能量的 1000 倍。这就致使这些星球有着非常高的表面温度，即我们前面提到的炽热的“蓝星”。

其实大多数恒星的体积都远远小于上面说到的蓝星，它们的直径一般是太阳直径的 10 到 20 倍。我们如果观察略小的恒星，就会发现整个颜色的幅度和光谱只是又反复了一遍而已。这些略小的星体的温度和颜色不是更热、更蓝，而是更低、更红。所以它们不仅表面面积越来越小，而且每平方英寸所释放的能量也越来越少。这些星体和我们之前说的那些巨星相比，显然要暗很多。最终，我们观察的这些星体和我们最初看到的巨星颜色一样红、温度一样低，可是体积却相差很多，越发地小了。这些恒星就被命名为“红矮星”。它们中间很大一部分的直径都没有太阳的直径大，大约只有红巨星直径的 $\frac{1}{1000}$。我们如果将一个红矮星比作一个句号，红巨星就是一个巨大的车轮。到这里，我们已经讲述了三种类型的恒星：

巨星——红色，温度较低，

中等星——蓝色，炽热，

矮星——红色，温度较低。

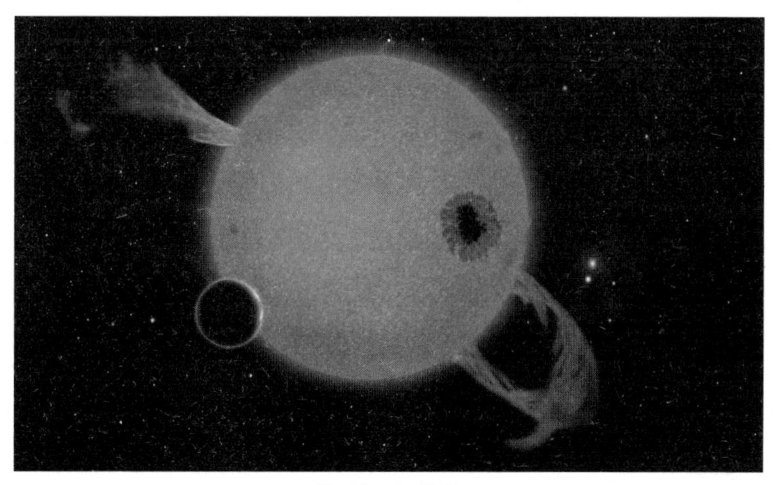

图 46　红矮星

不过，有的恒星比红矮星更小。红矮星的体积差不多等同于木星和土星，只是太阳体积的 $\frac{1}{1000}$，不过质量却是地球的 1000 倍。我们已经知道的最小的恒星，它的体积和地球差不多，这些恒星被称为“白矮星”。它们之中的很大一部分是白色的，在光谱仪的相应温度上通常显现 10 000 摄氏度，也或者更高的温度。如此高温致使它们表面每平方英寸的辐射强度也就很高。不过因为它们的总面积并不大，所以释放的能量总值也就不是太高。因为它们十分暗，所以到目前为止我们仅仅发现了屈指可数的几颗白矮星。

太阳光里有很多种波长的光，这里面有 4 个倍频程的光较强烈，只有 1 个

图 47　白矮星

倍频程的光可以到达地球。很多恒星的温度都远远低于太阳的温度，这我们已经知道了。如果我们给太阳定义为白热的，那么那些温度较低的恒星就定义为赤热的，它们发出的光可能比太阳发出的光要低 1 个倍频程，也可能是 2 个。假设太阳发出的光也是这样的话，而我们的眼睛又可以自己调节，那么这些可见光在光谱上就要低 1 或 2 个倍频程。在那样的情况下，我们的眼睛是无法看到现在的蓝色和绿色等其他一些颜色，只能看到几种我们目前还无法用语言来形容的颜色。现在的绿草，可以吸收除了绿色的其他颜色，到那时会呈现白色，天空会变成黑色。普通的景色呈现出一种像用红外线拍摄的照片的样子，很多细微之处也会和现在不一样。

这些红星的温度要低于太阳的温度，放射出的光线是太阳光谱之外的红外光线。表面温度更高的恒星发出的光是太阳光谱另一端以外的紫外光线，这是可以肯定的。拿天狼星举个例子，它表面的温度大约是太阳的两倍，光谱要比太阳光谱高 1 个倍频程。这种光是无法像普通照片那样呈现效果的，我们普通的照片只能显示出接近红色的这一端；可是它发出的光主要是紫外光线，所以会被大气臭氧层阻挡在外面。如果天狼星有行星的话，那么生活在上面的生物的眼睛一定要刻意接收紫外光才行。因为我们看不到这种光，所以无法定义它。那里的“人们”生活起来应该有很大的差别。比如说玻璃在紫外光下是不透明的，这样的话那里的人们就不可能用玻璃来做窗户，不过可以做墙来使。空气在紫外线下几乎是不透明的，因为空气具有发散性。如果空气里含一部分臭氧的话，就更不透明了。因此假如天狼星拥有我们地球的大气层，那么从太空中看上去就会呈现黑紫色。

最热的恒星光谱比太阳光谱高 3.5 到 5.5 个倍频程。我们要想找到波长更短的光，就需要到这些恒星的内部。如果我们可以在太阳内部几千英里处采集到样本，就可以发现和天狼星差不多的光谱。

往太阳内部更深一些，光谱就会升高 1 个倍频程。照这样计算的话，太阳中心的光谱可能会上升到第 13 个倍频程。也许大多数恒星的中心都如此。这种区域的辐射就如同我们已经说过的 X 光辐射。在这样的情境下，大部分的物质都将变得透明。

截至现在，我们仅仅探讨了一下通过观察、测量可以看见的某些特征，诸如恒星的温度、体积等。现在我们将更深入地探讨一下更加基本的问题，那就是恒星内部包含的物质有多少，也就是我们所说的“质量”。在地球上，当我们想知道一个物体有多重的时候，可以选择用秤称，其实就是测量一下地球对该物体的引力是多少。理论上，我们同样可以选择这个方法来称一称恒星的重量。

双星系统

恒星中的一大部分在宇宙中都是沿着一定的轨道单独运行的，不过我们偶尔也会发现两个恒星结伴运行。天文学家把它们叫做“双星系统”或“双星”。它们互相因为引力的作用紧紧地捆绑在了一起，互相围绕对方运行着，在太空中尽情遨游。它们像太阳和地球一样彼此依傍着，吸引着，强有力的引力让它们无法分开，而它们自身的运行速度也无法摆脱对方的牵制。

稍后我们就可以看到，这种双星系统的乐趣所在。它们可以为我们提供称出其他恒星重量的机会，这是很有意义的。

双星系统里的两个成员，和地球和太阳相互绕着对方旋转有些类似。然而存在一个很明显的不同就是，地球的质量和太阳的质量相比来说差得太多，比例是 1 ∶ 332 000，所以太阳在地球的吸引下绕着地球旋转这一状态观察起来不太容易。在真正的双星系统里，两颗星体的质量很接近，它们的引力也就比较接近，两颗星体之间并不是纯粹地有一颗总是围绕着另一颗旋转，而是彼此之间互相旋转。我们可以根据两颗星体彼此吸引的情况来得出它们之间的质量比，假如我们可以测到它们运行轨道的长度，那么也就可以计算出这两颗星体的实际质量值。

有时候，双星系统里的两颗星体在体积、颜色和光度方面都很相似，那么我们就称这两颗星体为对称的一对儿。这种双星常常出现在最明亮和最热的恒星中。这些最明亮、最炽热的恒星大部分都成为了双星系的成员。天文学家们总是发现这种双星相互接近，有时挨在一起，特殊的情况下也会重叠在一起。很可能这种非常接近的双星体原来是一个大的星体，因为旋转太快而分裂成了两个。

也有的时候，双星系统里的两颗星体相距很远，很不协调。有个很典型的例子就是天狼星座。这是一个双星系统，其中有一个是白矮星。天狼星作为主星在天空里非常明亮，它的直径是太阳直径的 $\frac{1}{2}$，可是作为副星的白矮星，它的直径只有太阳直径的 $\frac{1}{30}$。红巨星“o赛提”提供给了我们一个更不可思议的例子。它的直径是太阳直径的 400 倍左右。而和它一起组成双星系统的那颗副星是白矮星，它的直径我们并不知道，不过不会超过主星的万分之一是可以肯定的。假如我们将主星比成是一个大车轮，这颗副星就是一粒砂砾，也可能像一粒小小的尘埃。

虽然它们的体积有时候相差甚远，但是它们的质量却非常接近。庞大的主星的质量可能只是微小副星的质量的 5 倍或 10 倍。似乎可以这样概括一下，即使是白矮星，它们的质量也和一般恒星的质量相差不多。它们像地球那样大小，不过质量却可以等同于太阳，这很显然地说明了，白矮星内部物质组成的紧密程度要远超过太阳内部物质组成的结构。平时重 1 吨的物质在太阳上所占的空间大约是 1 立方码（0.765 立方米），要是在白矮星上同样重量的物质就只占樱桃那么大的空间。正好相反的是，1 吨重的物质在 o 赛提星上，要占滑铁卢车站那么大的空间。

以地球的条件要想让物质的密度达到白矮星上的物质那样，是根本不可能的。这里面的奥秘是由于白矮星上的物质裂变成了基本粒子。当我们深入到太阳内部的时候，我们会发现随着太阳内部温度的不断升高，越来越多的原子也在发生分裂（第六章里已经说过）。在白矮星的中心部位，温度比太阳中心的温度要高得更加离谱，所以原子发生全部裂变，物质也就更加紧密了。

双星系统里很大一部分其实并没有上面描绘的那样特立独行，两个成员既不会靠得太近，也不会相隔很远。如果可以取得更多的观察数据，就可以很容易地测算出它们的轨道，既而也就可以算出它们的质量。克留格尔 60 双星的质量分别是太阳质量的 $\frac{1}{4}$ 和 $\frac{1}{5}$。没有几个双星系统成员的质量比上面的双星还小；不过在星序的另一端，恒星的质量就要大很多了，甚至有几百倍之大。克留格尔 60 双星相互各转一圈需要 55 年。这样的速度在双星系统里，也是很快的。有很多双星相互转一圈需要花费几千年的时间，有的甚至会用上几十万年呢！

双星系统还存在着另一个极端，那就是有些双星相互转一圈所用的时间非常短，只需要几天，甚至几个小时。这样的双星无论是从观察角度，还是摄影角度，由于它们靠得太近了，以至于在望远镜里根本看不出它们是两个分离的独立星体，就只能看成是一个光斑了。有时候一对这样的双星在宇宙的轨道上，在相互环绕运行中每转一圈，其中一个星体一定会从它的伴星与地球之间穿过。每当这时，离地球较远的那颗星体的光就会被较近的这颗星体挡住；这时候在地球上观察的话，这对双星就会暂时发暗。这样的双星就被称为“食变星”。在观测条件好的情况下，观测到的总光量的变化数据可以帮我们再现双星的全部运行情况，而且还可以测算出它的轨道以及两个星体的直径和质量。

如果双星系统的运行轨道和地球不在一个平面之上，其中一个星体不在地球和另一个星体之间，不从另一个星体的正面穿过的话，我们在地球上就无法观测到双星的相互遮挡的效应。不过要发现双星系统还有其他方法可以用。

当火车或汽车拉响了汽笛或喇叭从我们身边开过去的时候，我们可以注意到，车辆开走的时候音响的音高或音量会随之下降。这种音量的下降取决于声波本身的特性。我们的耳朵在火车驶近的时候每秒钟接收的声波比开走的时候要多。

光波同样具有声波的特性，因此当一颗恒星靠近我们的时候，我们的眼睛每秒钟接收的光波要比对静止时的恒星接收的光波多，而且这种光的颜色会更蓝。如果恒星离开我们，那么我们的眼睛每秒钟接收的光波就会比静止时更少一些，颜色也比平常时候要红。这也就是说，通过观察光谱，我们就会知道恒星是迎面而来还是离我们而去。光谱中如果出现了分界明晰的光谱线，我们就可以根据测量出来的精确谱线的量，准确地测算出恒星靠近或者离去的速度。

如果光谱上显示的谱线数量每年都一样，我们就知道这颗恒星靠近我们或着离开我们的速度是均衡的；相反如果光谱上谱线数量逐渐变化，我们就知道这颗恒星的运动速度是不断改变的。那么我们也就得出了一个结论，就是这颗恒星显示出来一条围绕一个伴星的轨道，这颗伴星即使不是完全黑的，也是非常暗的，我们看不到它的光谱。也有例外，拿大熊星座做例子来说，它的光谱照片上两颗子星的光谱都可以看到，据此我们就可以根据光谱计算出两颗子星固定的轨道，就如同我们亲眼看到恒星在太空中运行那样。明确了轨道，我们就可以把两颗子星的质量计算出来。

这样的话我们就知道了，要想估算出恒星的质量，办法其实有很多。我们无论用哪种方法，都可以发现巨星和蓝星的质量会远远大于矮星的质量。目前已经准确算出的质量最大的巨星是普拉斯凯特星双星，它的每一颗子星的质量都是太阳质量的百倍左右。

如何确定恒星的距离

运用前面提到的各种方法，我们可以取得很多很多的有关恒星质量、体积和温度的信息。几年前天文学家可以告诉我们的有关恒星的信息非常之少，一般只是知道它们的名称和在天空中的位置。现在我们可以知道关于每颗星的许多信息，可以观察它们的大小、运动、质量、颜色和其他物理特征。这个过程里，我们经常会发现一个星座根本不是由恒星随意地摆弄，它们的主星的物理结构的相似度非常高，并且它们都以同样的速度同向运动，所以它们在物理性能上存在着某种联系。

猎户星座的星体们是一个很引人注目的例子。星座里除去那颗最亮的星体，也称为参宿四猎户座 α 之外，其余的星体都以相同的速度朝着同个方向运动。它们彼此的物理特性很接近，人们把它们称为一群混淆视觉的鸟也就不稀奇了。除了参宿四，剩下的 12 颗星体全都极其炽热，极其明亮，而且极其庞大。它们都是蓝星，都是那种可能破裂成双星的恒星。在 12 颗星体之中，参宿七——猎户座 β 是已经明确知道的最明亮的恒星之一，它本来的光度是太阳光度的 1.5 万倍之多。

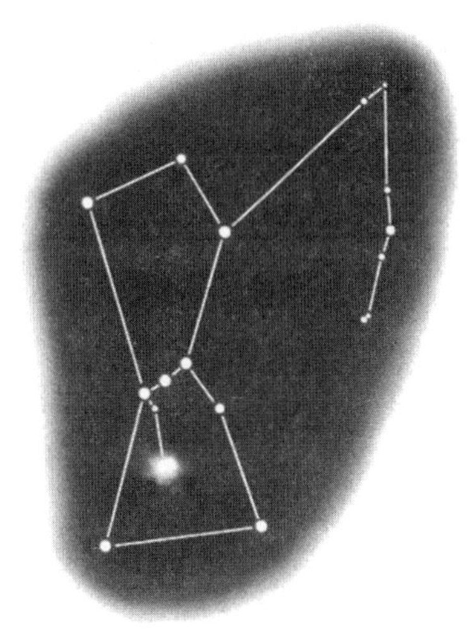

图 48　猎户星座

这时候，我们离开猎户座，去看看大熊座。虽然它们两个都是一种类型，但是情况却有一点不一样。大熊座所有的星体都是白色这一种颜色。它们所组成的星座并没有猎户座那么壮观，离我们距离很近，很亲切，同样吸引着人们的眼球。大家都熟知的北斗七星里，有六颗是白星，它们的物理特性很像天狼星，都是非常炽热的巨星，都远远大于太阳，也远远亮于太阳，不过和猎户座群星相比的话，就逊色了许多。星座中最明亮的星体是大熊座，也称为天枢星或北斗一。它和其他星体的差别在于，它是一颗非常庞大、温度比较低的红星，独自在轨道上运行着。北斗七星里只有三颗是双星。

那些很吸引人眼球的恒星组成的星座基本上都比太阳明亮。这是我们已经观察到的。站在天文学角度上来说，它们和我们的距离都很近。因为就算是最明亮的恒星，如果和我们相距太远的话，不借助工具我们的肉眼是看不到它们的。所以我们可以相信它们都极其明亮，而且距离我们很近。

要是我们希望去了解一下普通的恒星，那么就需要借助望远镜了。这种仪器如何聚光、如何有效地扩大我们瞳孔的直径，这些我们基本上了解了。如果一架望远镜是我们的瞳孔直径的 10 倍，那么我们用它就可以看到宇宙中距离我们更远的天体，那些天体距离我们应该是我们裸眼所看到距离的 10 倍。假设宇宙里的恒星都整齐均匀地分布在天空里，那么我们用仪器可以看到的恒星会比现在肉眼所看到的恒星数量多 1000 倍。如果使用 1 架是我们的瞳孔直径的 20 倍的望远镜，那么我们所看到的恒星数量会比现在看到的多 8000 倍。按照这个比率可以一直演算下去。我们动手实施这项试验的时候，会发现这条规律只适用于一定的距离，要是再远一些就不行了。我们实际上可以看到的恒星数量要少于我们按规律推测的数量，有些恒星似乎没有停留在自己的位置。很明显，这说明了星体并不是整齐均匀地分散在天空中的。我们观察的距离超过一定的值，到达某个极限，此时星体的数量就会不断地减少。这个极限开始的时候就是这条规律失效的时候。

赫歇尔父子用相似的方法把太阳所在的恒星系统的形状和极限标记了下来。如果太阳在这个球状星团的中心位置，无论是哪个方向，都会在同一距离达到极限。可是实际情况中，不同方向的极限距离是不一样的。

假设我们在海上或陆地的平原上遭遇了暴风雪，我们发现雪花包裹住了我们，四周都是沸沸扬扬的白白的雪，然而相比较而言，此时的天空可能看起来更加明亮。形成这种区别是因为，我们周围的各个方向弥漫的都是雪花，有几英里那么远，而向上的方向最多只有一英里那么高。

赫歇尔父子发现恒星的分布形态就像一个平面的圆盘，和暴风雪中的雪障很类似，于是他们得出了一个结论：恒星体系的形状也许就像暴风雪一样，也可能像一枚硬币，亦或是一个大车轮。他们认为太阳处在中心的某个位置。当然了，我们现在已经知道他们在这儿有失误。他们的望远镜的功率根本就无法到达这个星系的边缘。就算是太阳已经很接近这个星系的中心了，它距离这个恒星系统的中心还很远很远。

如果我们观察的方向恰好和硬币状星系或车轮状星系处于一个平面，那么我们看到的就是星系那无法揣测的厚度，就好像看到了一堵满是星体的不透明的墙一样，犹如人在暴风雪中向远处瞭望时的感觉。没有月亮的晴朗夜空里，它像一条美丽的玉带横跨星空，这就是银河系。在伽利略之前，银河系的构成一直是个谜。是伽利略的望远镜让人们看清了银河是由恒星组成的。这和2000年前阿那克萨戈拉斯和德谟克利特斯想的恰好相符合。这些星体离我们特别遥远，以至于我们根本看不出它们是一颗颗恒星。我们把那些遥远的千亿万亿个星体看成是一条连绵不断的光云。

夜晚里，我们只靠眼睛可以看到的星空其实是以非常遥远的比较暗的星体为背景，还有相对比较近的少数的明亮恒星共同组成的银河系。如果用望远镜观察，我们马上就可以看到有一些处于遥远背景星团和眼前的明亮恒星中间的星体。它们不太明亮，而且分布很稀疏，所以形成不了连续不断的光云。也是这个原因，我们就把太阳看成是一个单一星系的成员。我们提到过一个星系的形态，说它像个圆盘、硬币或者轮子。

之前我们已经提到用观察法来确定恒星的距离。我们从地球轨道的一侧走到另一侧，走了1.86亿英里。同时注意到一颗恒星的方向在不断地变化着。但很可惜的是，这种方法只适用于观察距离较近的星体。较近的恒星有半人马座的比邻星，它距离我们25万亿英里。为了避免庞大的数字，我们一般将这个距离称为4.25光年。光每年传播近6万亿英里，所以比邻星的星光需要用4.25光年才能传到地球。我们现在所见的比邻星已经不是现在的星星，而是 4.25 光年以前的星星。

观察法帮助我们找到这种距离的恒星，得出的距离数据还是比较精确的。不过，针对那些距离很远的恒星，可能就不是这么精确了；针对那些几百光年之外的星体，那么这种方法很不精确；针对那些在银河系的边缘的恒星，这种方法更加不靠谱了。所以，需要找到测定那些十分遥远的恒星的距离的另外的方法。

根据恒星的一般物理特性来估算恒星本身的亮度是最有效的方法了。如果我们已知了一颗恒星自身的亮度，那么就可以通过比较它的表面亮度从而推算出这颗恒星距离我们有多远了。

有三种特殊类型的恒星很适合用这种方法，它可以很精确圆满地测出它本身的光度（误差还是存在的）。我们已知所有蓝星都是十分明亮的，它们本身的光度基本上完全决定于自身蓝色的深度，也就是说，需要参看恒星的光谱型。对于那些我们已经说过的红巨星，也是这样的道理。

通过观察这两类恒星的光谱，我们可以了解它们的光度，也就可以推算出它们的距离。不过还存在第三类恒星，它们的距离的推算可以更加精确。这就是人们已经知晓的和造父变星的变星一类的星体。它们所散发出来的光是晃动的，亮度也在不断变化，完全打破了亮度变化的周期。所以，恒星自身的光度完全取决于暗亮变化的时间长度。变化最慢的恒星自身的光度最高，反之，变化最快的恒星自身光度也就最低。不管这些恒星相距有多么遥远，它们从亮到亮的间隔、从暗到暗的间隔，我们都可以测量。这种简单的观察不仅可以揭示出变星自身的光度，而且可以推算出它们的距离。

虽然就算把上面的方法全部用上，我们要想将一个完整的恒星系统标记出来也是很困难的。除非我们拥有一个更大胆、更具冒险精神的工具。“球状星团”的假想可以提供给我们一个这样的工具。球状星团自身就是一些小型的恒星系统，远远小于主恒星系统。不过每一个星团都拥有数以万计的恒星，它们中的每一个都会有很多造父变星，这些变星让确定这个星团的距离变得更加简易了。如果我们知道了星团的距离，同时也就可以比较容易地确定它的大小了。人们还发现这种球状星团在形状、大小和总的分布上几乎一模一样，这让我们既困惑又感兴趣。

我们标记出这些球状星团后，就会发现它们全部是硬币状或者圆盘状，基本上是旋转对称型的，在银河系的两边。我们似乎可以假设球状星团体系的位置以及总体的布局完全符合实际的恒星系统，那么也就是说，星团的边缘恰好也是恒星系统的边缘。果真如此的话，银河系的直径或许是大约 20 万光年，太阳距星系中心大约 4 万光年，要远于赫歇尔父子的设想。

我们可以将银河系看成圆盘状或车轮状，太阳在靠近恒星系统中心平面的位置上，当然也许是在距中心大约直径 $\frac{1}{3}$ 的区域之外。恒星系统中心的明亮恒星距离我们非常远，我们单靠眼睛是绝对看不到的。我们至多只能看到 3000 光年的恒星。这也就说明了，为什么一些明亮星系的恒星，在我们看来无论是哪个方向，都呈现出分布均匀整齐的状态。事实上，我们所见的只是结构中很小的一部分，这一小部分里面的恒星的分布的确很均匀。

根据最近的发现，我们知道了恒星的运动不是随意无序的，同样也不是统一整齐、事先设计好的。就如同车轮绕着轮轴转那样，整个银河系看起来都是围着一个中心在转。由这些恒星组成的巨大车轮在太空中转动着，这就使太阳也在以每秒钟 200 英里的速度飞快地旋转着；可是这个轮子太大了，太阳靠这个速度的话，需要用 25 亿年才可以转完一整圈。

25 亿年旋转一圈的速度太慢了，让人觉得难以置信。我们可以将这个车轮的旋转和钟表时针的转动作个对比，以便更准确地掌握这个速度的含义。如果让时针 25 亿年转一圈，相应的现在每秒钟一次的跳动，就会相当于 5000 多年跳动一次了。通过对恒星年龄的研究，我们知道这个大轮子已经转了几千或者是几十万圈了。

如果没有其他恒星的引力保持太阳在现在的位置上，那样的话它早就会如同自行车轮子上的一块泥巴一样，被星系这个大轮子甩到太空里了。依靠着这个引力，太阳在自己的轨道上运行着，这就和太阳的引力使地球在自己的轨道上运转是一样的。我们可以根据地球的轨道来算出太阳的质量，相同的道理，我们也可以根据太阳的轨道来算出这个星系中其他恒星的质量。我们认为银河系中一定存在着千亿以上的恒星，也许还会更多，一倍多也有可能。

单纯依靠我们的眼睛，在浩瀚的星海中我们最多可以分辨出大约 5000 颗单独光点的恒星，和总量的比大约是 1 ∶ 40 000 000。这也就意味着，每当我们看到一个被认为是恒星的光点的时候，其实是 39 999 999 颗恒星，要不就根本看不见，淹没在了银河系暗淡的光云里。地球上居住着 20 亿人，如果按照人口把这些恒星平均分配一下，那么每个人可以分到 100 颗星。不过，如果我们按照抽签的方式选择自己的星星，那么我们就会发现自己有 400 000 ∶ 1 的选择机会。不借助望远镜的话，根据就无法看到自己拥有的星星。

第八章

宇宙深处的秘密——星云

宇宙最开始只是一团模糊的气体。宇宙裂变成星云之后开始逐渐膨胀，每130亿年体积就翻一番。星云起初是球形，慢慢变成了车轮形，最后分裂成了无数的恒星。

星云的演变和类型

太空中的行星和卫星也是很显著的天体。不过只有当它们距离我们很近的时候，我们才能看清楚它们的大小以及光亮。单单依靠我们的肉眼来观察浩瀚的宇宙的话，除了恒星，我们无法看到其他的东西。

一个单筒或双筒式的天文望远镜会将我们带进浩渺的恒星世界以及其他的星空世界里。有一类新的天体在我们眼前出现了，就是有着微弱光芒的、界限模糊的天体，我们叫它“星云”。

“星云”这个词取自拉丁语，本意是薄雾或薄云。起初在文学里，这个词被广泛用于记载那些薄雾状的天体，或者任何一个具有模糊形态的天体。那时候，人们已经发现星云能分成三个明显的类别。

第一类星云是完全处于我们恒星系统里的被称为星状星云的天体。现在人们已经知道这些星云是由恒星自身和它周围广阔的大气层共同组成的。如果我们考虑上它们的大气层的话，那么这颗巨大的红色恒星就非常庞大了。如果我们的航天飞行器以每小时 5000 英里的速度向这颗恒星团中最大的恒星飞去的话，需要花费 9 年的时间才可以到达; 如果向这些行星状星云中的一个行星飞去的话，同样的速度则要花费 9 万年的时间。这就意味着，我们称呼这个行星状星云为恒星的话，它的体积就会是我们已知的最大恒星体积的 1 万倍。

这些星云严格地说不是恒星自身。而是恒星的大气层。穿过这些大气层，我们就能看到位于星云中心的恒星。相比较于围绕着它们的大气层，那些恒星更加值得我们去了解。它们非常小，直径只有太阳直径的$\frac{1}{5}$。它们表面的温度大约在 7 万度至 7.5 万度之间，出奇的高。我们宇宙里是无法实际观测到这样高的气温的。尽管我们很清楚我们无法直接观测到恒星内部的温度，但是它肯定是惊人的高。又因为这个温度不是在大气层的上层外表测到的，而是在恒星大气层的底部测到的，所以从某种意义上来说，我们前面说的温度就是恒星自身内部的温度。通过研究，我们还发现这些体积很小，温度很高的行星状星云中央的恒星和我们之前说过的白矮星是同一个类型。

第二类星云是由银河系中很多恒星系统组成的。第一类星云是大气层包围着一颗恒星，第二类星云则是大气层包围着一组恒星，有的甚至包围着整个恒星系星云座。凭借我们的肉眼或者借助于望远镜间接地看这些恒星的时候，我们不会发现任何形态的星云状物质。可是如果将这个星座长时间地曝光在胶卷底片上的话，我们就会看到每一个恒星都有一个发亮的模糊的星云状云层。

也正因为长时间地曝光，环绕着不同恒星的星云状物体就连成了个连续的闪光云层，我们会感觉到一个里面包含着许多颗恒星的，庞大连续的星云状物

图 49　星云状云层

质的海洋。在很多情况下，星云状物质不呈现明亮的云层状态，而是有一些黑色的斑点。这些黑斑是一些可以吸收光线的物质所造成的。这一点似乎已经可以确定了，吸收的光谱中形成星云光谱的黑暗线条与从我们的大气层中穿过的紫外线辐射的结果是相同的。这种光被冷气团吸收了，然后又被热气团释放。这些星云看起来有些让人害怕，不过从某些方面来看，星云中的卫星和行星或许更加引人惊讶，因为相比较而言，它们距离我们更近一些。

第三个类型的星云本身就很奇特。一个星状星云的发光强度或许是太阳的10倍，甚至是100倍之多。之前提到的银河中的星云放出的光或许比太阳光要强几百、几千倍。然而第三类的星云——银河外的星云释放出的光是太阳光的几十亿倍。它们远远大于银河，只是因为它们距离我们太远，所以看起来要弱许多，不容易引人注意。

这三类星云无论是形式上还是总体外形上，都存在很大差异。我们要想区分出它们还是比较容易的。根据需要，它们的光谱可以显示出更细致的差异。我们对比分析一下行星状星云或银河星云的光谱的话，会发现它们和我们地球上的各种原子的光谱是相同的。这就表明这两类星云只是不发光原子的云层，是包含在这些气体中的恒星点亮的气团。

星云的距离

银河系以外的星云的光谱和恒星的光谱有类似的地方。人们怀疑这些星云不是源于原子发光形成的云而是恒星的云层也就可以理解了。有很长一段时间，人们坚信着这个猜测。就和伽利略的望远镜把银河系分割成了一个个他唤作恒星的光点一样，当代的高能望远镜同样可以辨别出最外层空间星云中的一个个恒星光点。

它们是真正的恒星，这是毋庸置疑的。因为它们拥有我们银河系里恒星的所有特性。就比如很多不是连续发光而是间断发光的恒星具有的特征和我们体系里的造父变星的特征是相同的。最近又发现的一些其他的天体同样和我们银河系的很多恒星类似，这里面不但有已经发现的各种恒星，而且有很多新型恒星。这些恒星可以突然呈现出几千次的闪烁，亮度和它们平时的亮度一样，接着在明亮和阴暗之间波动几次后，它们的亮度就会再次变暗。有很多球状星云和我们的银河系的形体相似度很高，我们完全可以猜测这些银河系外的星云中的恒星和我们银河系中的恒星系统相似度也很高，或者可以说至少在某些方面是这样的。

恒星和星形聚集物在整个银河系里是如何发展的，我们已经看到了。因此我们可以根据这个变化规律来计算这个遥远天体的距离。我们运用同样的方法可以精确地得出相距较近的星云的距离，可以通过亮度变化的特殊之处辨别这些星云里的造父变星和其他变化的恒星。和距离我们较近的恒星相比，两者之间有许多共同的地方，就是离我们越远的，看起来就越暗淡。就如我们所见，亮度的差异可以马上反映出距离间的差异。

我们运用相同的方法估算出了两个最近的星云之间的距离是 80 万光年，这就意味着我们现在所见的光是 80 万年前发出的。那个时候的人类，才刚刚在地球上产生。仙女星座中比较大的星云，虽然距离很远，不过它在天空中仍旧占了很大的空间。即使这样，也依然没有完全展现出这个星云的实际大小。随着对这个星云的研究不断深入，我们发现的它的体积就越大，而且和最初发现的时候相比较，这个星云的大小已经扩大了好几倍了，在照片上可以很明显地看出这一点。

那些距离非常远，而且占据了很大空间的天体有着非常庞大的体积。我们的火箭到达月球需要 2 天的时间，到达太阳需要 7 天的时间，要是打算抵达一个很普通的较大的恒星则需要 9 年的时间，要想抵达行星状星云要花费上万年，不过如果要抵达仙女星座需要多长时间我们也不知道。这个星座的直径大约有上万光年，要到达这个星云大约需要 120 亿年的时间。我们只有把仙女星云的照片放大到整个欧洲那样的大的时候，太阳在里面看起来才像一个天体。

图 50　银河系

我们已经研究了银河系，和它一样，我们看到这个星云的形状就好像一个车轮。无论是大小、形状还是整体构造，这个星云和我们的太阳系都有着很多的共同点。这个星云和其他很多星云，不仅在外形上像车轮，运行中也像车轮一样绕着自己的轴或者中心。这方面和我们的银河系是相同的。每一个轮子都被它的星云引力紧紧控制着。这样的话，我们就能用我们曾经计算过太阳和银河系质量的方法来计算每个星云的重量了，只不过这种方法不太精确。仙女星云围绕自己的轴转一圈需要花费 2000 万年。这样的话，最粗略的计算得出的它的质量大约是几十亿个太阳的质量。

银河系外的星云不都是车轮状的，形状和整体外观都有着很大差异。它们基本上可以按照单一的顺序连续排列。这个排列由外形模糊的星云球形或几乎是球形的星云开始，在这个星云里的恒星是无法辨认的，由完全和我们银河系的众多恒星云层相似的星云结束。只有这个排列后一部分的星云才是车轮状的。把它们说成车轮状是很合适的，因为许多星云都是围绕着它们突出的轴进行旋转的，很像一个车轮的轴。我们从不同的方向看星云的时候，它的车轮外形会多少有些不同。不过要是我们从它们的边缘看的话，这个区别会更加明显。我们从各个方向观察完这个星云之后，就会发现这个可疑的排列其实很简单，它们形状的变化是由球形变成各式各样的车轮形。

我们在橡树林中漫步的时候，可以看到全部的树木，它们的树龄各不相同，有成熟的参天大树，也有小小的幼苗，还有的只是橡树种子刚刚发出的嫩芽和落在地上的种子。在这里我们又发现了一个连续的系列，就是从橡树种子到幼芽的出土、幼苗的形成，从幼树、中年树到完全成熟的树。我们会很自然地认为这些不同的形态代表着树木生长的不同阶段，这样就组成了一个“演化系列”。然而准确地说，这只是一个猜想，因为橡树生长得非常缓慢，我们要想看到它生长的整个过程是不可能的。

对于星云来说，也是一样的道理。我们感觉到的任何一点不同之处，都发生在数百万年以前。所以就算我们无法看到这个变化，我们也同样可以猜想，无论它们怎么变化其实只是展现着系列中的由一个状态转变到另一个状态的过程。如果这个猜想准确的话，这个系列就像被电影摄像机录下的星云的整个生命过程一样。现在系列里的每一个星云的形状是它之前星云状态的未来状态，同时也是它之后星云状态的曾经状态。

星云形状体系还有着一个更有趣的现象，就是经过计算我们发现，这个系列和一个体积逐渐缩小同时旋转速度比之前增大的巨大的气体球的系列是一致的。这个气体球运行得越快，形状就变得越扁。这和我们太阳系中的行星存在

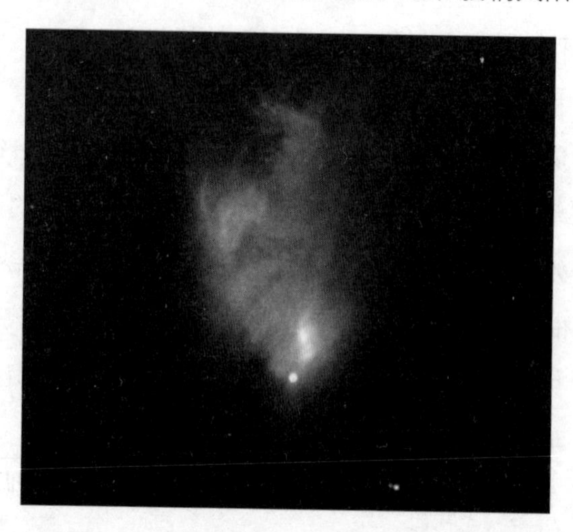

图 51　恒星的诞生

着相似的地方。一段时间之后，这个气团的形状就会变得扁平，速度也会加快许多，这就导致了它的赤道处的物质全都被甩了出去。这个赤道是我们根据我们地球的规律假设的，我们可以假设车轮的边缘和辐条的形成就是凭借这样的方式。在已经十分扁平的轴的位置保持了原来的气体球。这个系列最终的结局会更加有意思，到了最后，整个气团会被压缩分裂成许多的球，计算结果表明每一个球的质量都和一个实体的恒星的重量是一样的。这同样成为了一个猜想，就是每个星云都产生于一个旋转的气团，这个气团已经经历了我们之前说到的形状体系，会结束于或将要结束于恒星的云层状态。所以这些星云可以说是众多恒星的诞生摇篮。在这个摇篮里，运行着的气团孕育了无数的恒星，就和我们银河系里大家发现的一样。

假如这些猜想正确的话，我们的地球就可以追溯到太阳，太阳就可以追溯到它的起源星云。可是星云自己又是如何形成的呢?

星云的形成假说

很大一部分的宇宙变化学说认为宇宙开始是一个模糊的气团。这个气团是无法静止的，也无法统一地向太空扩散。这是可以论证的。举个例子，水壶或火车头烟囱冒出的水蒸气是不可能完全聚集起来统一向外扩散的，气体分子会首先凝聚成小水珠，这和任何一种扩散到太空中去的气体是相同的。统一扩散的气体，无论特点是什么，都无法固定下来。任何一点点干扰都会打破它最初的运动规律，让它运动的随机性大大增加。整个气团最终会凝结或分裂成几个密度不同的气团。通过计算我们知道这些部分和实际星云气团的大小很相似，而且会在已经观测到的星云的地方形成这些气团。气团就是更加遥远的曾经的某个形态。

我们已经结束了从地球到太阳再从太阳到星云的旅行，我们的故事也即将在这里画一个句号：星云来自充满整个太空的一团混沌的气体。

假如星云的确是以这种方式形成的，我们应该可以看到，所有的这些星云的大小、重量和它们自身的亮度都是一样的。这一点非常吻合实际的情况。相同形状的星云在亮度和大小上常常存在很大的差异，可是外形上的差别一般都是因为它们距离我们远近不同而形成的视觉差异。

如果这是一个一般规律，当任何已知形状的星云显现后都可以被当成正规的天体，就和造父变星为量天尺是相同的，根据它们显著的光亮弱度，可以计算它们的距离。蒙特·威尔逊山天文台用 100 英寸直径的大望远镜拍摄到的发光最弱的星云距离我们非常遥远，它的光到达我们的地球需要 14 亿光年的时间。这个时间是银河系里最遥远的恒星所发的光到达我们地球需要花费时间的 1000 倍。在这个距离里面，大约还存在着 200 多万个星云。

从望远镜中看正在形成的天体的时候，那时的景象非常迷人。从天体演化的角度看，这些景象会更加有趣又壮观，就像一部电影摄像机那样，记录并向我们展示着太阳和恒星形成的过程。不过最近人们又发现了一个更奇特的现象，就是全部这些已经形成的星云正在以非常快的速度离我们远去。

一颗恒星的运动是怎样让它正在被移位的光谱线条形成的，这个我们已然观测到了，即如果恒星远离我们运行，它就是红色线条；反之当恒星靠近我们运行，它就是紫色线条。已经发现了星云光谱里的许多线条都被移到了不正常的位置上，这一点简单的解释是因为这些星云本身是运动着的。向着我们运动的星云几乎占领了天空的二分之一，另外的二分之一被远离我们运动的星云占领着。这些特征的形成，或许是因为太阳正以每秒数百甚至数千英里的速度向前一个星云团运动着，这对于太阳后面的星云团来说，相对来说就是以相同的速度在远离它运动着。

星云显而易见的运动表明了某一件事，而不只是太阳在宇宙中的运动。把太阳的运动从星云的运动中忽略掉的话，星云不是静止不动的，当然也不是如气体分子那样随意地运动。我们会发现有的星云正以与它的距离很成比例的速度远离我们而去。

如果截取为整数，那么每100万光年的距离大约相当于每秒100英里的速度。距离我们100万光年的星云正以这个速度远离我们，那些距离我们200万光年的星云正以这个速度的两倍远离我们，依此类推。到目前为止，已经观测到的远离我们运转的最高速度是每秒1.5万英里。这个速度是特快列车速度的100万倍，具有这个速度的星云距离我们大约1.5亿光年。

一颗炮弹在战场上爆炸，它的碎片会以各种速度飞行，那些飞行速度最快的碎片即飞行距离最远的碎片在爆炸的瞬间，每一个碎片所运行的距离，都和它们的运动速度成正比。换句话说就是，碎片的飞行速度与爆炸点和落地点间的距离成正比。那些正在远离地球的星云所遵循的规则也是这个，这个规律可以引发我们的联想：在过去的某一时刻，宇宙忽然发生了爆炸，继而产生了很多碎片，我们整个的银河系就是这些碎片的其中一个，我们居住于其中一个特殊的碎片上。

不过有另一种办法可以更直观地解释星云的运动。我们可以想象一下，很多在河里荡漾的稻草。如果河流的某一段变得很窄的时候，我们就会发现稻草之间会靠近很多；如果河流慢慢变宽的时候，它们之间就会很迅速地分开来。当这样的分离发生的时候，居住在稻草上的小小昆虫就会看到其他分离的稻草正在远离自己，如果河水在这时候正好通过一个十分狭窄的曲颈瓶的颈部的时候，稻草远离的速度和它运行的距离成正比。这也正是星云运动的规律。

有两种很类似的有关星云运动的可能的解释，这两种解释的区别是根本的。如果我们将星云比喻成炸弹的碎片，我们可以想象一下星云在太空中的运动；如果我们把星云比喻成我们眼前的稻草在当前的大气中分离的话，根据速度与距离成正比的定律可以推断出，宇宙正在均匀地膨胀。

或许后者的解释更好，这是因为目前我们认为宇宙是圆形弯曲的，是有限的，仿佛一个气球的表面。我们不能把宇宙比喻成气球里面的大气，而应该比作气球的橡胶皮。这样我们可以在宇宙中一直地运动下去，就如同一只苍蝇可以在气球内沿平面一直保持运动。苍蝇的运动重复地在气球内运行是一定的，因为气球的表面是光滑的，所以它肯定不会遇到阻挡它运动的障碍物。

宇宙真的太大了

一样的道理，如果我们打算在宇宙中一直运动着，我们也不会遇到任何的障碍物，即使我们早晚要回到我们的原始出发点。想环游宇宙是一种妄想，因为我们的生命是如此的短暂。对于光来说，这或许是一个非常好的机会，因为它每分钟可以运行 1000 万英里，而且对于一个寿命为 70 岁的人来说时光是非常有限的。曾经有一段时间人们认为一个高端的天文望远镜可以让我们看到开始于几百万年前而且已经穿过了整个太空，最终到达地球的光。这给了我们一个很直接又有说服力的证明来印证宇宙是弯曲的。不过我们已经推翻上面的说法了，因为就算是以光速来运动，也不可能穿越整个宇宙。有很多天文学家设想了很多的方法来估算整个宇宙的大小，这些办法都不一样，不过至少我们都相信的一个事实就是宇宙太大了，我们想要看完茫茫宇宙的可能性为零。威尔逊山天文台的大天文望远镜可以观测到宇宙比较远的地方。那里的星云的光是在我们的陆地上有超自然的人类居住的时候开始，已经持续运行了 1.4 亿年才抵达了我们地球，然而这也只是告诉了我们宇宙中很小一部分的内容。这些小的知识或许和整个宇宙有着很密切的联系，就好像维特岛是地球上很小的一个部分一样。

因为这，我们所见的是一个大得超出人们想像的太空，而且它还在持续地不断扩大着。它的大小大约每 13 亿年就会扩大 1 倍。就现在来看，宇宙已经比它最开始的形态扩大了 8 倍，地球已经比它从太阳中分离出来的时候扩大了 100 多倍。随着时钟的滴答声，宇宙的直径至少扩大了数十万英里。

不过也许我们对物质的兴趣要远大于对茫茫的宇宙的兴趣，就是在微小的太空中，我们也可观察到几百万个星云，可是在这个部分里，我们却无法看到好多亿个星云，每个星云里还包含着数不清的恒星。如果我们把每一星云中包含的恒星比作是手中握着的沙子的话，我们就可以说这个微小空间里的星云所包含的恒星数量就和全世界海滩的沙粒数量是相等的。我们将整个宇宙作为一个整体来对待，就会发现太阳就像一粒沙子大小，我们的地球是这粒沙子的百万分之一。

地球这样一个小小的尘埃微粒正环绕着比自己大 100 万倍之多的那粒沙子运转着。在整个宇宙中，还有很多无法想像的微小物质存在着。我们很高兴地发现，宇宙是高雅的东西，不过我们也不能太得意，因为这里面我们世俗的物质占了很大的比重。

以上就是我们畅游过的宇宙。我们已经看到了太空过去历史的某些片段。我们最初看到的初始阶段的宇宙是一团混沌的气体，尽管我们并没有严格证实这个混沌气团是否的确存在。这个混沌的气体逐渐浓缩，继而裂变成了很多的星云。当混沌的气体变成星云后，宇宙就开始膨胀起来。因为种种原因，宇宙自身在星云的形成过程之中和形成之后就以一定的速度开始膨胀了，星云彼此之间也在持续地远离着。

星云在整个变化时期里面都在以我们已经观测到的方法改变着它们的形态，继而最终分裂成众多恒星。有一些很特别的星云是我们熟悉的星系，比如天狼星、毕宿五、大角星座等等，还有很遥远的比较小的明亮天体——太阳诞生的地方。在遥远的过去，这个恒星和其他无数的恒星一样彼此都在黑暗中运动着，最终结果就是我们的太阳走进了一个很大的恒星危险地带。在这个危险地带里面，产生了我们的九大行星，这里面也包含着我们的地球。开始的时候，地球是一个简单的热气球，和现在的太阳一样，只不过它非常的小。地球逐渐冷却后，呈现了液体的状态，最终形成了固体的表面；水蒸气凝结成了水，形成了海洋和众多河流。这里面还有更加神奇的，那就是生命的出现。生命的最初形式非常简单，然后逐渐地变化形成了复杂的结构。最后，其实在天文时钟只是过了几分钟而已，人类就出现了，人类又开始慢慢进化，等到进化成了高度发达的现代人的时候，在天文时钟里只是又滴答了几声而已，这时候人类刚刚认识到自己和茫茫宇宙的意义。埃及人、中国人、巴比伦人和希腊人开始不断地思考着，思考着宇宙的全部意义。只是在天文时钟滴答的最后一声前，人类创造了望远镜，继而发现了外在的空间。也是伴随着滴答声，我和你们说到的所有物体基本上已经全部被发现了，还有很多的东西没有被发现，比我说的要多很多哦。随着我们对宇宙知识了解的不断深入，有谁可以告诉我们，在下一个滴答声中会发生什么奇怪的事情呢?